JN175512

数と音楽
美しさの源への旅

坂口博樹 著
桜井 進 数学監修

大月書店

── はじめに ──

僕のお袋の妹（つまり叔母）はセミプロのシャンソン歌手でした。彼女は音楽だけでなくマルチなスーパーウーマンで、あまりに早くエネルギーを使い尽くしたのか、残念ながら50代半ばであの世に旅立ってしまいました。

僕は子どものころ、その叔母にずいぶんかわいがってもらい、影響も受けました。叔父によると、叔母は生前「音楽は数学ととてもよく似ている」といっていたとのこと。叔母は歌を習っただけで、専門的な音楽理論を特別に勉強したわけではありませんが、それでも歌の中に数学を感じていたらしいのです。それは彼女だけでなく、音楽をする多くの人が感じることではないでしょうか。なぜなら、人が音に数を感じ（無意識かもしれませんが）、その音を組み立てたものが音楽なのだから。

音楽の音たちは数なのではないか？……僕は音楽の勉強をはじめたころからそう感じていました。でも、まだそのころはなんとなくそう思ったというだけです。ですが、数学者の桜井進氏と一緒に本を書くという企画を通じて、音楽と数学はもっと深いところで共通しているという考えを深めることができました。

音楽も数学も、ただ規則を守っているだけでは創造に結びつかない。美と自由がなければ意味がない。そして、古い規則は破ってつくり替えられることで新しい世界が開ける……。

それは人間の社会も個人も同じです。ただ、数学はそれを純粋な抽象世界で行います。だから、数学は社会の感覚よりはるか先を行く。その成果は、ときにこの世がどうやってできあがっているのかまで、私たちに教えてくれるのです（ただし、かなり難しいですが……）。

音楽の中には数学的な抽象世界と、身体的な具体世界が同居しています。だから音楽には、人間の精神の深いところにある抽象世界と、生活する人間の感覚を結びつける役割があるのだと、僕は思っています。

本書は桜井氏との前著『音楽と数学の交差』（2011年）の延長線上にあります。ですが今回は、音楽を成り立たせている数について、より焦点を当てています。音楽の世界が、いかに数によって成り立っているのかということを知ってもらえば、音楽との関わり方もより深くなると思うからです。

そのための入門書として、本書が少しでもお役に立てば幸いです。

この本を亡き叔母と、先日急逝（きゅうせい）した高校以来の親友であり、音楽仲間でもあったエクアドル在住のクラシック・ギタリストの小林隆平氏に捧げます。

2016年2月

坂口博樹

木の枝の分かれ方はフィボナッチ数列に従っている。
＊「フィボナッチ数列」とは：0, 1, 1, 2, 3, 5, 8, 13, 21, 34, 55, 89, 144, 233, 377, 610, 987, 1597, 2584, 4181……のように、最初の二つの数字を0と1とし、その後は順次その前の二つの数を足すことで求められる数列のこと。

数と音楽 —— 目次

第2章　音階と数

コラム・豆知識

Prelude

数と音楽——プレリュード

ソロは独奏（独唱）

孤高の1

1は孤独。
ただ一つ、
そこにあるということ。
1は一つでありながら、
あらゆるものを含む「すべて」
（ラテン語のuniは「一つの」の意味だが、
universeになると「世界」あるいは「宇宙」）。
すべての自然数も一つの集まり＝集合。
1の中には無限がある。

君臨する1

1は1番。
1、2、3……と
無限に続く自然数の最初の数。
1は2以降のすべての自然数を
従えて君臨する数の王様。
順番のはじまりの数。

ドは1

ドレミ……は音階の順番をあらわす。
ドは1番目、ドレミ……も数字の一種。

計る数／単位の1

単位としての1。

音楽の中の1

1＝mono
monoはギリシャ語由来の「単一の」という意味の言葉。
音楽の最初はmono。モノトーン（monotone）は単色。
音楽では単一の音。
モノフォニー（monophony）は単旋律音楽。
一つのメロディーだけの音楽のこと。
多旋律音楽はポリフォニー（polyphony）という。
モノコード（monochord）は1弦琴（こと）。1本の弦だけの弦楽器。
最初の弦楽器。
モノラル（monaural／monophonic）は1点からの音像。
2点からはステレオ（stereo）。

デュオ（デュエット）は二重奏（唱）

2は数のはじまり

1だけでは、数をかぞえることはできない。
同じ種類のものが二つあるとき2という数が生まれ、かぞえることがはじまった。それゆえ、数のはじまりは2（古代ギリシャのピタゴラス）。
2が発見されてはじめて、数をかぞえることができるようになる。

2は対(つい)をなす

2はダブル。2は双子。
2は対等な二つの存在。
2は最初の偶数。

陰と陽

2は相反する数

2はコインの表裏。
男と女、右と左、上と下、有限と無限、
賛成と反対、奇数と偶数、陰と陽……
この世の多くは相反する対で成り立っている。
音符と休符、全音と半音、長調と短調……音楽の相反する二つ。

2進法

数は0と1の
二つだけでもすべての
数をかぞえることができる。
コンピュータではこの2進法
が使われている。

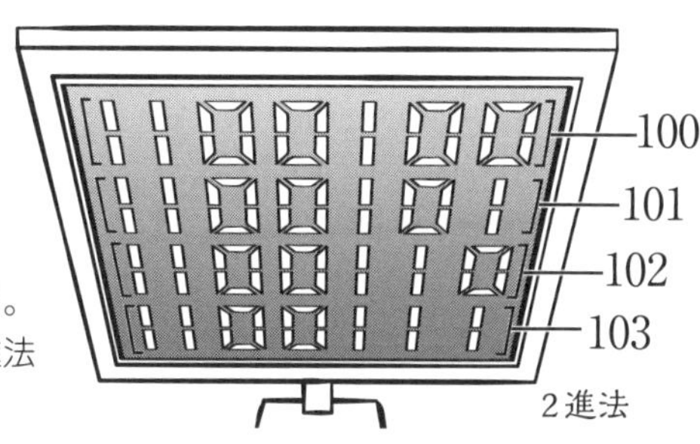

2は2番目

1のすぐ後に続くナンバー・ツー
（副社長、副部長など）。
2は1を支えている。

前へ進む2

2には前に進む力がある。
1はただそこにあるだけ。
2の不安定さ（どちらか一方に安定できない）が進む力を生む。
2本足を交互に前に出して歩く
二足歩行。それは2拍子。
呼吸も「吸って、吐いて」を繰り
返す2拍子。
心臓の拍動も2拍子で感じる。
2拍子は人間の感じる最初で
もっとも基本的なリズム。

音楽の中の2

2音のメロディー

人類にとって最初のメロディーは、
高い音と低い音の2音だけの素朴
なものだった。

音符の2分割

現代の音符は、長さが半分になる
ごとに、全音符 → 2分音符 →
4分音符 → 8分音符……と2分
割されることを基本としている。
また楽節や楽部も2回繰り返され
ることが多い。
2は音楽の進行上たいへん重要な
数。

2弦の楽器

二胡（にこ）、馬頭琴（ばとうきん）

＊二胡は中国の伝統楽器の一種。馬頭琴は棹（さお）の先端が馬の頭の形をしたモンゴルの伝統的な楽器。

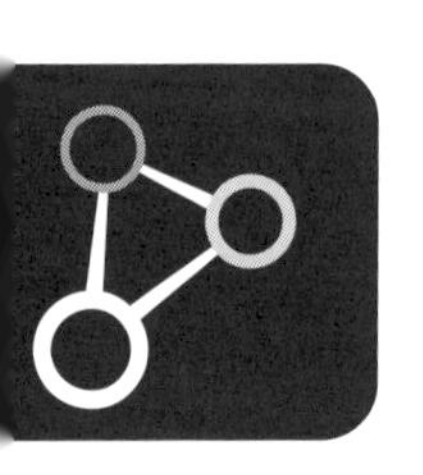

トリオは三重奏（唱）

3は「たくさん」の「さん」

人類が数をかぞえはじめたばかりのころ、２の次は「たくさん」。
１（ただ一つある）―２（二つある）―３（たくさんある）
日本語の「三（み）つ」は「満（み）つ」で「たくさん」の意味。
Tri（古いインド＝ヨーロッパ語の３）には「複数、多数、群衆、積み上がったもの」の意味もある（three timesの古語thriceには「大きい、たくさん」の意味もあり、英語のthreeとなる言葉の原型にもかつては「たくさん」の意があったことを示している）。
４以降の数が使われるようになり、３は「三つある」ことをかぞえる数となった。

一日三秋（たった一日なのに何年も待っているような待ち遠しさ）
漢字の「三」にも「たくさん」という意味が含まれている。

調和の数

ピタゴラス学派では
「１ははじまり、２はあいだ、
３は終わり」を意味した。
３は１を除く最初の奇数。

中心がある3

3には中心がある。
三つの点は、真ん中の点を中心に左右の点を従えている。
強—中—弱、過去—現在—未来、誕生—命—死など
(いずれも支点は真ん中)。キリスト教の三位一体
——父なる神、子イエス、精霊(中心は神)。
不安定な2に対し3は安定をつくり出す。
スツールは3本脚で安定して立ち、
三角形は外からの圧力にもつぶれにくい。

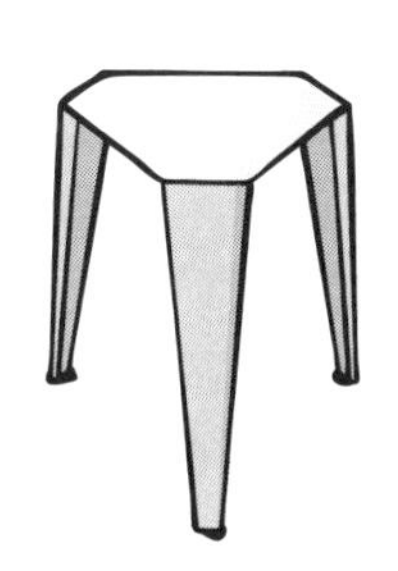

音楽の中の3

3拍子は2拍子に次いで基本的な拍子。
三部形式は、三つの部分からなる曲の形式。
ルネサンス以前の西洋音楽では、音符の長さは3分割であらわされることが基本。音程の3度、和音の3度音は長調、短調を決める重要な音。音階は三つの音、主音(tonic)—下属音(subdominant)—属音(dominant)を基礎音として成り立つ。和音の重ね方の基本は三和音(triad)——三つの音を積み上げた和音。和音は主要3和音をもとにしてつながっていく。

3音のメロディー

2音だけのメロディーが3音のメロディーになると、中心音ができ安定感が生まれる。

動きを止める3

なめらかに前に進む2に対し、3には動きを止めようとする働きがある。
3の繰り返しは、常にブレーキをかけながら進んでいくようなもの。
このことにより繰り返しにノリが生まれる。

3弦の楽器

三味線、三線、ブズーキ(3コース)、サズ(3コース)

*ブズーキはギリシャ音楽やバルカン半島の民族音楽、アイルランド音楽で使われる弦楽器。サズはイラン・トルコ・バルカン半島諸国の音楽で使用されている弦楽器。コースとは2弦1組のこと。

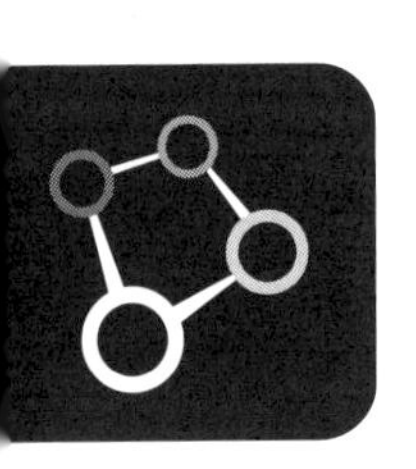

カルテットは4重奏(唱)

４は根源的な数

公正、平等を象徴する数（ピタゴラス学派）。
四気質――血液・粘液・黄胆汁・黒胆汁（人間の四つの体液による気質）
この宇宙は見かけ上４次元（３次元空間＋時間）である。
四元素――土・水・火・空気
中世大学の数の四科（クワドリウィウム）――
　静止している数を扱う「算術」、
　運動している数を扱う「音楽」、
　静止している量を扱う「幾何学」、
　運動している量を扱う「天文学」
物理学の四つの力――強い力・弱い力・電磁気力・重力

時間に関係する４

四季（春夏秋冬）
月の朔望の四相（新月・上弦の月・満月・下弦の月）
人生の四相（生・老・病・死）

４は最初の複雑な数 親指以外の指の数

４は平面をあらわす数

四角や四方位（東西南北）
ｘ軸とｙ軸で平面が分割される数。

４は安定の数

ものは４隅で重心を支えて安定する。
４本足の動物
机や椅子などの足
家の柱
自動車の車輪……etc.

方角をあらわす四神（古代中国）

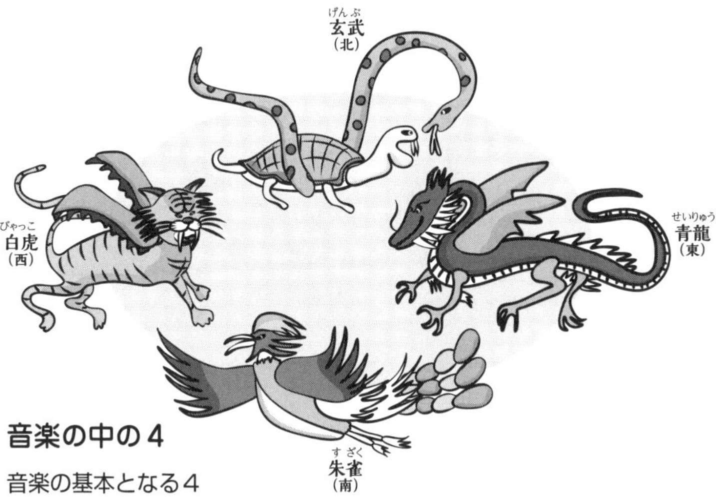

音楽の中の４

音楽の基本となる４

拍子で一番多い４拍子。

和音の基本、４声体（ソプラノ・アルト・テノール・バス）

メロディーの最小単位フレーズ（小楽節）の基本は４小節。

ソナタ（交響曲）の多くは４楽章形式（初期は３楽章）。

四線譜（五線譜より古い形の楽譜で、グレゴリオ聖歌などで使用されている）

４弦の楽器

ヴァイオリン属、ウクレレ、ベースギター、

４弦琵琶（びわ）、ウード、リュート、マンドリン（4コース8弦）

※ウードは半卵形状の共鳴胴を持つ弦楽器で、中東および北アフリカで用いられている。かつて西洋で使われたリュートや日本の琵琶の原型でもある。

四つの完全協和音

もっともよく協和する２音——ユニゾン・オクターブ・完全５度・完全４度

テトラコード

ドレミの７音階は４音の並びからつくられる。

テトラ＝4、コード＝弦で、もとは４本の弦を意味する。

テトラコードは４度の音程の間につくられる。

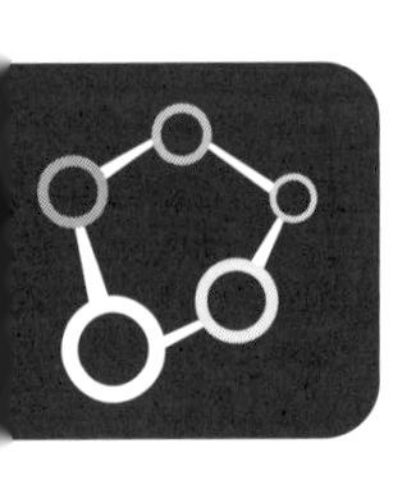

クインテットは五重奏(唱)

統合をつくる数

5は再生、命の数ともいわれる。
2(女性)+3(男性)=5(結婚)
――ピタゴラス学派
五感(視、聴、触、嗅、味)
五味(甘、塩、酸、苦、辛)
五穀(米、麦、粟、豆、黍)
中国の五行説(木、火、土、金、水)
俳句の五-七-五

五味

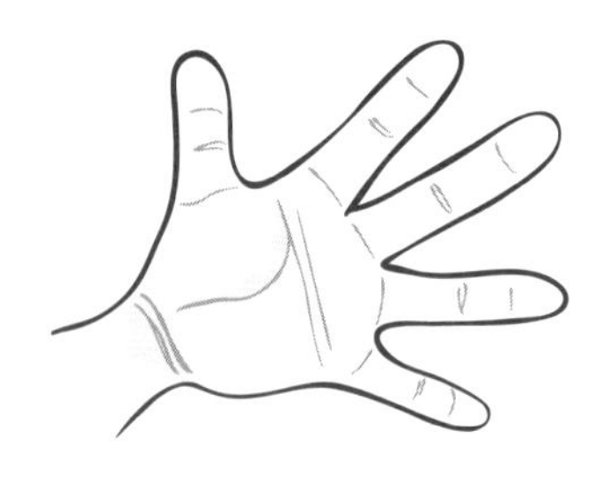

指でかぞえる数

5は片手の指の数。
片手で指折りかぞえることのできる一番大きな数。さらに大きな数を指でかぞえるときの、ひとまとまりになる数。
ローマ数字などは今でも5(V)を底として書かれている。
ラテン語のdigitは指折りかぞえるという意味。これがデジタルの語源。

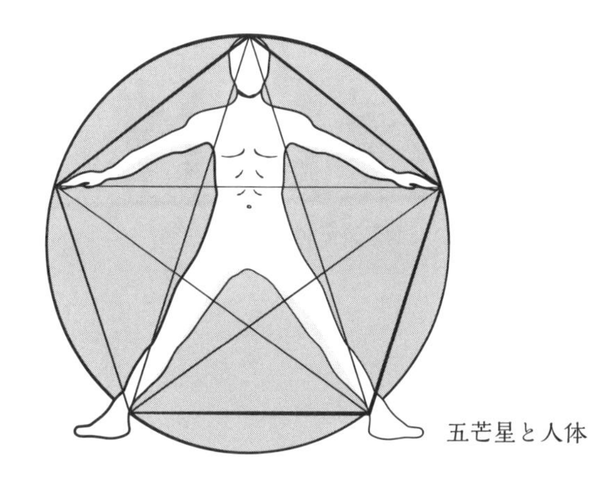

五芒星と人体

５の性質

最初の独立した（素数どうし並んでいない）素数。
五角形、五芒星（ごぼうせい）は黄金比とつながっている。

音楽の中の５

楽譜は五線譜に記される。音楽でも５は大事な数。
ユニゾン（同音）、オクターブ以外でもっとも協和する音程は完全５度。
音階の中でもっとも重要な音は、主音とその完全５度上の属音（属音―主音の力関係が和音の進行を生む。これをドミナント・モーションという。これも５の力）。
世界中の民族でもっとも多く使われている音階は５音階。
（中国の音階名、５音（ごいん）あるいは５声――宮、商、角、徴、羽）

５弦の楽器

ウード（５コース）、リュート（５コース）、５弦琵琶

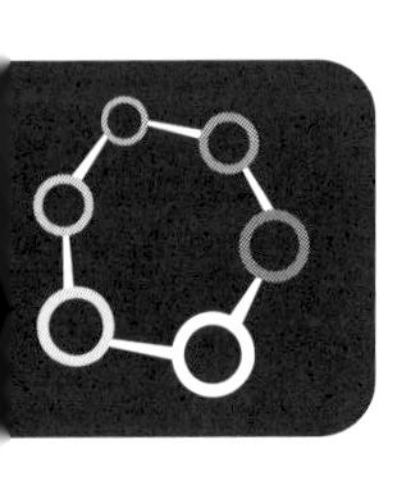

セクステットは六重奏(唱)

天地創造

完全な数6

6はもっとも小さな完全数（完全数とは、その数自身を除く約数をすべて足すと元の数になる数）。
6の約数1、2、3を足すと1＋2＋3＝6。
「神は6日でこの世を創った」（旧約聖書）

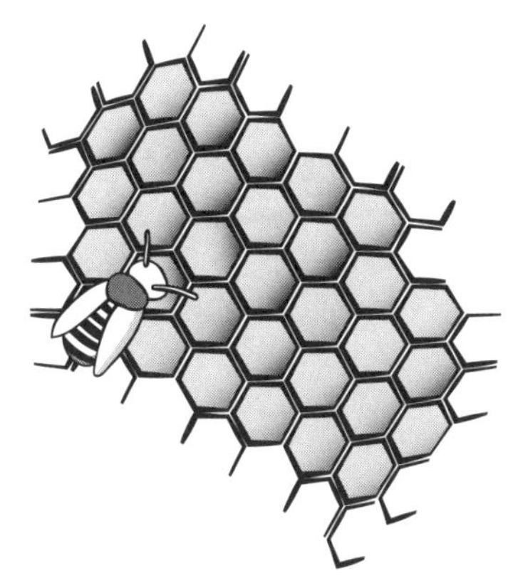

均衡(きんこう)を象徴する数

正六角形はもっとも効率よく隙間なく敷きつめることができる。
蜂(はち)の巣の形——まわりからの圧力にも強い形＝ハニカム構造。
物質の最小単位（現時点では！）クォークには六つの種類がある（アップ、ダウン、チャーム、ストレンジ、トップ、ボトム）。
６は昆虫の足の数。
半ダース——よくある組み合わせの数、６個１組の商品など。

音楽の中の６

６音音階の代表は全音音階（隣り合う音階の音の間隔がすべて全音になる音階）。
中世の音階名はド、レ、ミ、ファ、ソ、ラまでしかない６音階であった（しかし実際は７音使うので、途中読みかえをしなければならなかった。ド、レ、ミ、ファ、（ソ）＝ド、レ、ミ、ファ、などのように。この読みかえはムタツィオと呼ばれた）。
６拍子は、１小節に小さな３拍子を２回繰り返す。

６弦の楽器

ギター、ヴィオラ・ダ・ガンバ、リュート（６コース）、ウード（６コース）

＊ヴィオラ・ダ・ガンバはかつて西洋で使われていたヴァイオリン属に似た弦楽器で、「脚のヴィオラ」の名のとおり脚で支えて演奏する。

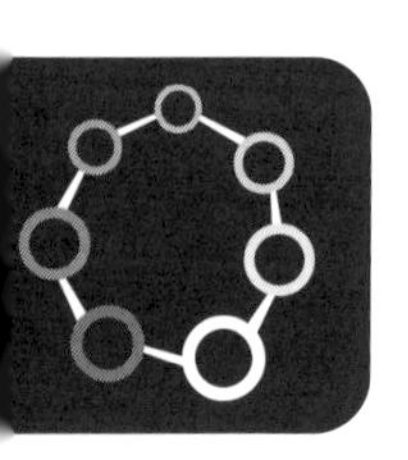

セプテットは七重奏（唱）

神秘と権威の数

七つの海、七つの大罪と美徳、七人の大悪魔と大天使、ラッキー・セブン
北斗七星、仏教の初七日、七週目の七七日忌（四十九日）
七福神、七草、七不思議
七五三
七つのチャクラ
虹の色数（日本では。欧米では6色）
自由七科（リベラルアーツ＝ヨーロッパ中世大学の基礎教養学科）
文法・修辞学・弁証法……文芸の3科目の「三学」
算術・幾何・天文・音楽……数の4科目の「四科」

大罪		美徳
傲慢	⟺	謙虚
憤怒	⟺	寛大
怠惰	⟺	勤勉
嫉妬	⟺	忍耐
強欲	⟺	慈悲
色欲	⟺	純潔
暴食	⟺	節制

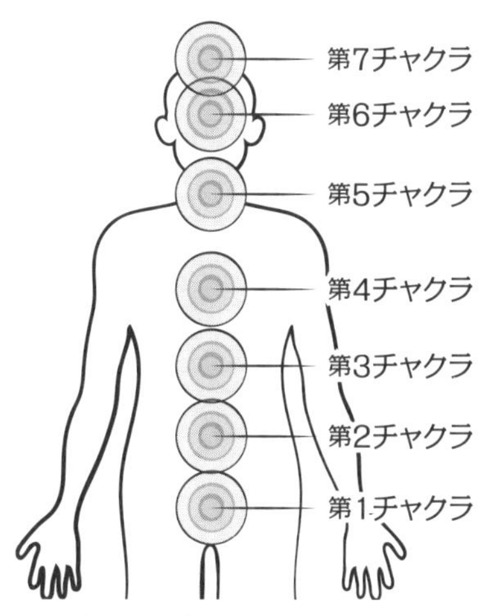

＊チャクラは、ヨガなどで使われる言葉で、
人体に流れる気やエネルギーの中枢を指す。

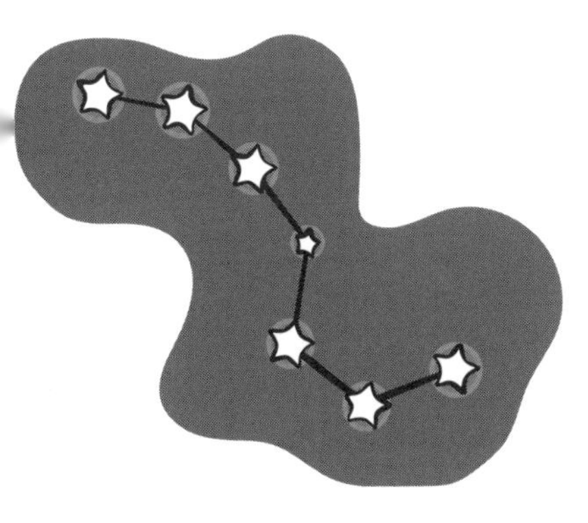

10までで最大の素数

5と7は双子素数。3、5、7は唯一の三つ子素数（双子素数とは隣り合う奇数が素数、三つ子素数は隣り合う三つの奇数が素数のこと）。

音楽の中の7

今日もっとも一般的な西洋音階は7音階（ドレミファソラシ）。
七つの音、ド、レ、ミ……の並べ替えで七つの音階ができる。
ドからかぞえて7番目の音を7度音という。三和音（たとえばドミソ）に7度音を足すとセブンス・コードになる。

この世をつくる7

「神は6日でこの世を創り、7日目を安息日とした」（旧約聖書）
1週間の日数。
月の朔望（さくぼう）の各相は約7日。

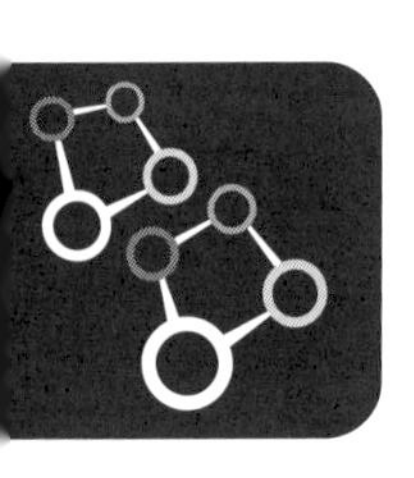

オクテットは八重奏（唱）

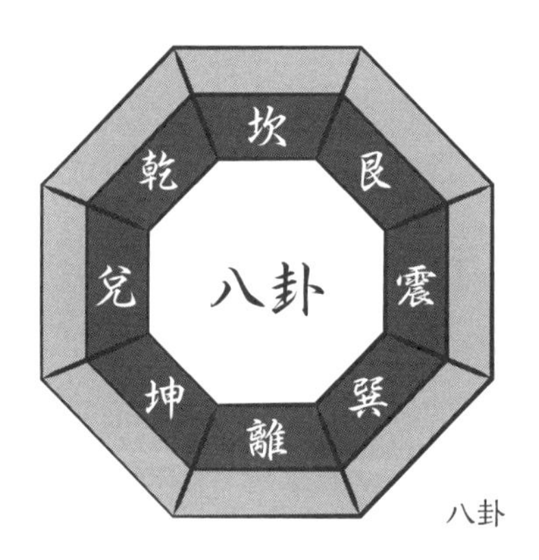

八卦

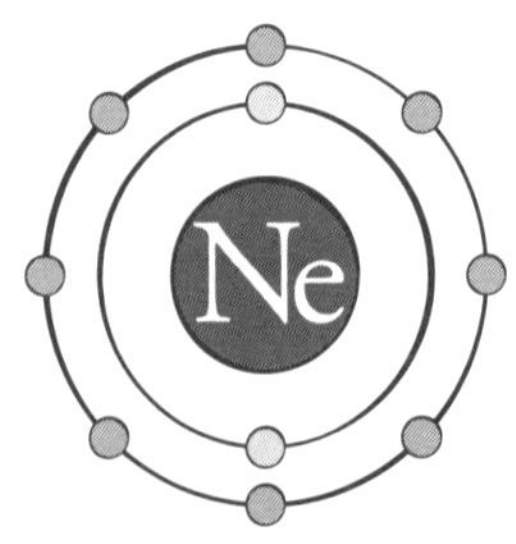

最外殻に８個の電子がある元素Ne（ネオン）の模式図

立方体、空間

立方数（３乗）、正八面体
原子は最外殻に８個の電子があると安定する。
コンピュータの情報は２進法の１が１ビットで、８ビット＝１バイトを単位とする。

末広がりの八

再生の数８

ノアの方舟（はこぶね）に乗った人間は８人。
古代中国から伝わる易＝八卦（はっけ）。
末広がりの八は縁起の良い数。
ピタゴラス学派によると、人間は八つの音でできている（９音は神）。
ドレミ……は８音目にふたたびドに戻る。

音楽の中の８

オクターブはラテン語で８の意。
８音音階には、ディミニッシュト・スケール、コンビネーション・オブ・ディミニッシュト・スケール、スパニッシュ・スケールなどがある。
大楽節（曲となるメロディーの最小単位）の基本は８小節。

８弦の楽器

リュート（８コース）、８弦ギター
ピアノの鍵盤は88鍵

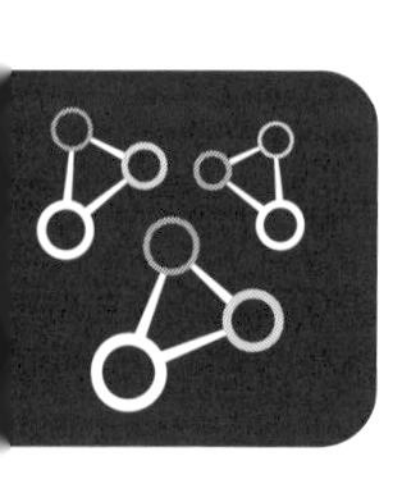

ノネットは九重奏(唱)

９は新しい数

親指を除いた両手の数は４×２＝８、
９はその次の数。
サンスクリット語の９＝nava、
navas＝新しい。
ラテン語は９＝noven、novus
＝新しい。
英語は９＝nine、nova＝新星、
novice＝新参者、novel＝小説、
新しい物語、novelty＝斬新(ざんしん)さ。

音楽の中の９

ナインス・コードは、セブンス・コードの上に９度音（ドからかぞえると９番目の音でオクターブ上のレ）を足した和音（和音＝コードでは、オクターブを超える付加音をテンションというが、９度のテンションはもっともよく使われるテンションである)。
９の呪(のろ)い……第９番の交響曲を書いて死んだベートーヴェン、シューベルト、ドヴォルザーク、ブルックナー、マーラー（ただし、これは19世紀の作曲家たちのみにしか当てはまらない)。

９は１桁最後の数

単独の数字でもっとも大きい数。
１桁の掛け算をすべて暗記する九九。
９の掛け算の答えは、一の位と十の位の
数字を足すと必ず９になる。

１×９＝９	
２×９＝１８	１＋８＝９
３×９＝２７	２＋７＝９
４×９＝３６	３＋６＝９
５×９＝４５	４＋５＝９
６×９＝５４	５＋４＝９
７×９＝６３	６＋３＝９
８×９＝７２	７＋２＝９
９×９＝８１	８＋１＝９

ギリシャ神話の女神は９柱のムーサ。

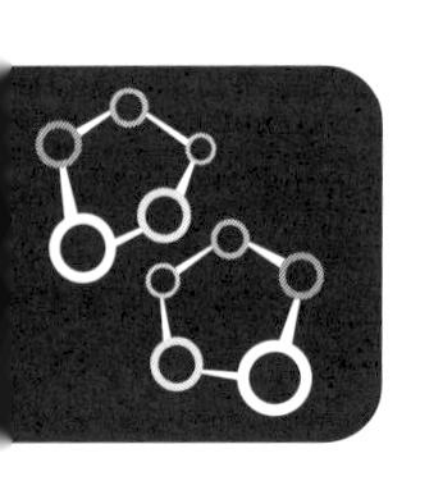

デクテットは十重奏（唱）

10は10進法の基数

手の指でかぞえられる最大の数。
満ち足りた数。
最初の合成数（2桁以上の数）。

十把一絡げ

完全あるいはたくさんを意味する10

十分、十全
十把一絡げ（じっぱひとからげ）、十大ニュースなど。
物理学のTOE（万物理論）の有力候補「超ひも理論」によれば、この宇宙は10次元（9次元空間+時間）である。

音楽の中の10

10度音（ドからかぞえると、オクターブ上のミに当たる）
音楽においてはあまり重要な数ではない。

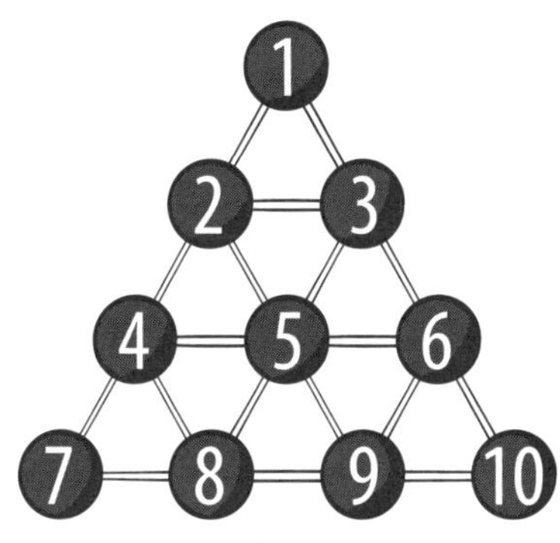

テトラクテュス

聖なる10

「崇高で、力強く、なんでも生み出し、地球上の生命がもつ神性の起源と指針になっている」（ピロラオス——紀元前400年ごろ、ピタゴラス学派）

テトラクテュス（四元数）——ピタゴラス学派では、10は聖なる象徴だった。

モーゼの十戒

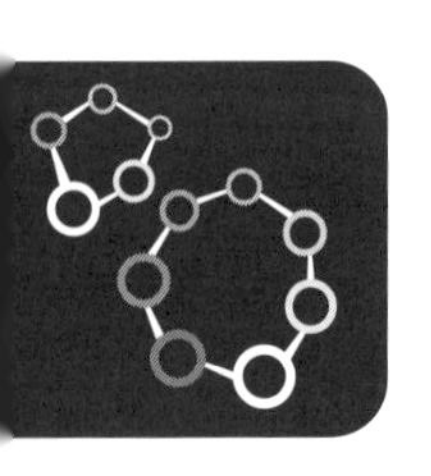

12
“Duodectet”

デュオデクテットは十二重奏（唱）

時間を司る数

時間の基数——12進法
1年は12カ月
時計は12目盛り
1日は12時間×2＝24時間

ひとまとまりに なりやすい数

約数の多い数——対称性が高い。
1ダース
12星座

音楽の中の12

1オクターブの中は12音。
12音音楽（ドデカフォニー）
ブルースひと回しの小節数
12弦ギター

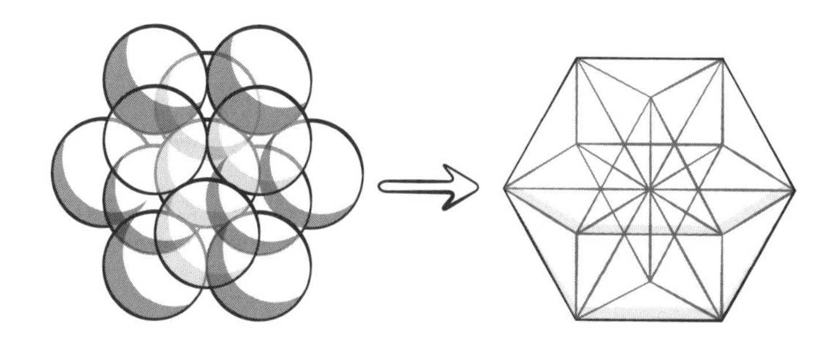

形を作る12

正12面体
正6面体と正8面体の辺、正20面体の頂点。
一つの球のまわりに12個の球が並んで立方8面体ができる。

聖なる数12

黄道十二宮
キリストの十二使徒
十二支（年や時刻のかぞえ方）
十二神将（薬師如来および薬師経信仰者の守護神）

0	2	4	6	8	10	12	14	16	18	20	22	24
午前							午後					
子	丑	寅	卯	辰	巳	午	未	申	酉	戌	亥	子

＊時刻を十二支であらわした十二時辰（じしん）は昔の日本や中国で用いられていた。

無、空

0のはじまり

かぞえる数は1からはじまり0はない。
多くの文明社会に0はなかった。
0はインドで発見された——かなり古いと想像されるが、わかっていない。7世紀には書物にあらわれる。アラビアを通じて9世紀にヨーロッパへ伝わる。しかし西洋社会で0が一般化するのはかなり新しく、13世紀以降。悪魔の数としてなかなか普及しなかった。

＊どんな大きな数にもゼロをかけると何もなくなってしまうという不可解な性質、数字0の形状が魔物を呼び出す入り口に似ていることもあり、ゼロは悪魔の数とみなされ、ローマ法王によって使用が禁止された時代もあった。

完全な0、孤高の0

正の数でも、負の数でもない。
0は測る数の基点。
絶対零(れい)度
すべてを消す0——0をかけるとどんな数も0になる。

はじまりの数0

1日の時間のはじまりは0時。
測る数のはじまりは0。
可能性がまったくないときは0%。
0はすべてのはじまり。
0は無限へとつながる。
宇宙は0からはじまった。

音楽と0

古典的音楽理論に0はない。
西洋音楽では音をかぞえる——かぞえる数は1から。音楽理論の基礎が確立したころ0はまだ一般的ではなかった。
現代でも一般的な音楽理論に0はない。
現代音楽では0を使う場合もある。
コンピュータ音楽では0を使う。
無音、静寂(せいじゃく)

第1章

リズムと分数

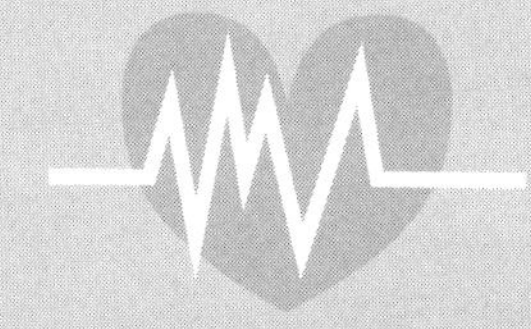

I　音は数である！

数は不思議な存在だ。目に見えない、音もしない、もちろん匂いもない。でも、どんなものにもその背後には必ず数がある。たとえば、リンゴは1個、2個、3個……とかぞえるし、一つのリンゴの重さは△△グラムともいう。だが、リンゴに数がくっついているわけではない。

実体はないのに、数は存在する？　やっぱり不思議だ。

この世のあらゆる物は数を持っている。物だけではない。「私には考えが二つあります」など、頭の中で考えていることだってかぞえられる。数は、あらゆる「もの」や「こと」が備えている情報なのだ。つまり、数を持たないものは存在できない。「万物の根源は数である」と、古代ギリシャの哲人ピタゴラスもいっている。

音は物体ではない。物体がふるえる振動が空気の波を作り、それが耳に伝わると私たちは音を感じる。耳は鼓膜（こまく）で空気の振動を受け取り、それを電気信号に変えて脳に送っている。電気信号になった時点で音は数の情報になっている。たとえば、一定時間に振動する回数が多いほど音は高く聞こえる。私たちは音をいちいち数として意識するわけ

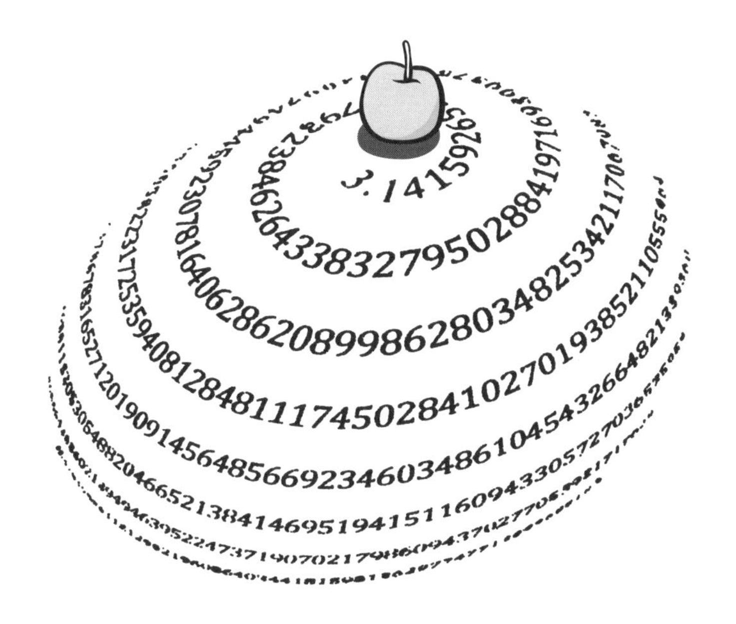

ではないが、無意識に音の高さを聞き分けるたびに脳は数を計算していることになる！

音は目に見えないが、感じることはできる。そのとき脳は音を数として感じている。つまり、音は数そのものにきわめて近いといえるんじゃないだろうか。静かに耳を開いて、聞こえてくる音すべてを聴いてみよう。じつは、それは膨大な量の種々の数を、脳が聴覚を通してとらえていることでもあるのだ。

音楽は、そうした音を人間が意識的に組み立て直したものだ。音の根源が数であれば、音楽は数を扱う表現ともいえる。実際、古代ギリシャのアカデミア（哲学者プラトン

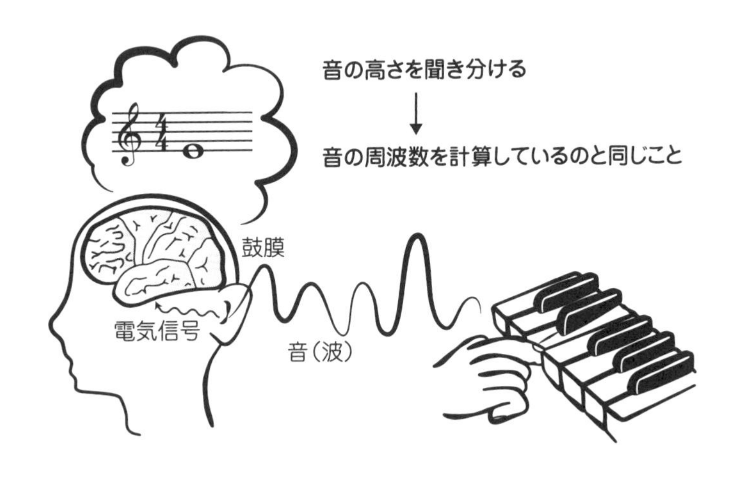

がアテネに創設した学園）から中世ヨーロッパの大学まで、音楽理論は数学の一分野であった。

音楽はさまざまな数でつくられ、構成されている。まずリズムの基礎をつくっている簡単な数から考えてみよう。

2　リズムも数である

リズムの基礎となる数＝拍子

「拍子抜け」などといわれるように、「拍子」は普通に使われている言葉だ。でも、「拍子ってなんですか？」と聞かれると、ちょっと困ってしまう人も多いのではないだろうか。

音楽的にいうと、拍子とは｜1、2｜1、2｜……などと、繰り返すカウントのまとまりのこと。曲を演奏したり聴いたりすると、自然に手拍子を打ったり、カウントをかぞえてしまうことがあると思うが、そのパターンのことだ。それが｜1、2｜なら2をかぞえているので、2拍子ということになる。音楽の背後には拍子があって、曲のリズム進行を支えている。拍子の中をかぞえる一つひとつの数を拍（はく）という。拍子は拍という数の集まりのことだ。

と、拍を4つかぞえることを繰り返す。

つまり拍子を感じるということは、数を感じているということになる。

拍子だけでも生き生きしたリズムをつくることができる。手拍子をしながら｜ワン、ツー、スリー、フォー｜ワン、ツー、スリー、フォー｜……と声を出して繰り返してみよう。ノってくれば、これだけでも立派な音楽になるだろう。

拍の時間は、最初は脈拍、あるいは歩く歩数をかぞえることを基準として測られた。それが音楽の時間を刻む単位に発展していく。

拍は1からかぞえるので0はない。人間にとって歩行は2拍の繰り返しだ。それをかぞえると｜1、2｜1、2｜……が繰り返されることとなる。つまり2拍子である。人類は猿から進化して立ち上がり、2本足で歩くようになった。だから2をかぞえることはもっとも根源的なかぞえ方

数が2までしかない民族

素朴な文化をとどめている民族の中には、2までしかかぞえない人たちもいるという。「オーストラリアのアランダ部族民は、いわゆる〈数名称〉として二つの語しか知らなかった。〈1〉を表す ninta と、対を表す tara とである」（ジョルジュ・イフラー『数字の歴史』）。でも、きっと彼らも2拍子の音楽は得意だっただろう。

であり、2拍子はもっとも基本的な拍子なのだ。

音楽のリズムは分数で書くことができる

拍子は音楽を支える基本的なリズムの単位だ。多くの音楽は、2拍子や4拍子、3拍子といった拍子にのってリズムが展開されることで、生き生きしたリズム感を生みだす。拍子を感じるということは、拍をかぞえていることと同じだ。つまり音楽を聴き、その流れを感じることは、数を感じ、かぞえているということになる。

楽譜を見ると、拍子は小節によって区切られた拍のまとまりのことであることがわかる。多くの曲は、五線譜の最初に拍子記号が書かれている。拍子記号を見ると、$\frac{4}{4}$などの分数の形になっていることに気づくだろう（C［コモンタイム／4分の4拍子のこと］といった表記の場合もあるが）。

さて、1小節を音楽時間（時計の時間とは異なる音楽の中の相対的な時間）の1とすると、その中の音の位置と長さは分数で書きあらわすこともできる。

次ページの図での「時間」は時計の時間ではなく、1小節を1とした相対的な時間進行をあらわしている。ここでは1小節目のドの長さは$\frac{1}{4}$、8分休符は$\frac{1}{8}$、次のソは$\frac{1}{8}$になっている。

数であらわされる音楽時間

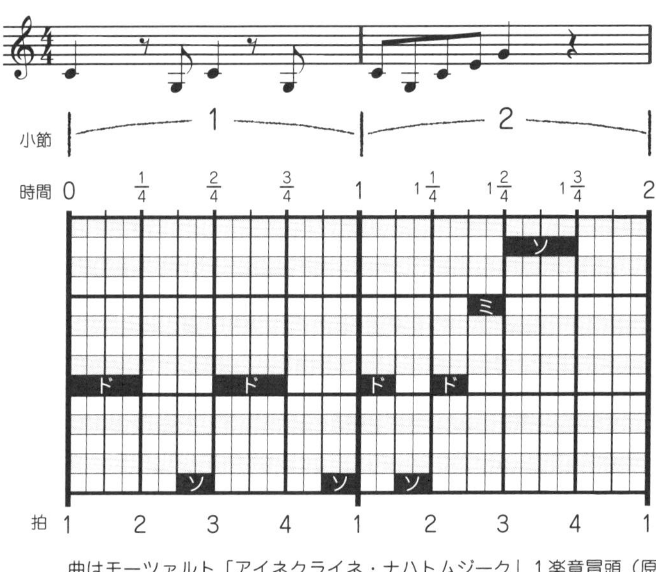

曲はモーツァルト「アイネクライネ・ナハトムジーク」１楽章冒頭（原曲はト長調）

さらに、この図の２小節の間のリズムを、音符と休符の長さを分数であらわして計算式にしてみると、

$$\left(\frac{1}{4}+\frac{1}{8}+\frac{1}{8}\right)\times 2+\left(\frac{1}{8}\times 4+\frac{1}{4}+\frac{1}{4}\right)=2\text{（小節）}$$

と書くことができる。

音楽を演奏するということは、数式の形ではなく無意識のうちにではあるが、このような分数計算をプレーヤーが

しているということなのだ！

「ええっ!?　ミュージシャンって計算が得意だったんだ！」なんてビックリしただろうか？　もちろん、実際に数式で計算しながら演奏しているプレーヤーはまずいないだろうが、意識の背後に隠れている感覚で計算しているからこそ、ノリの良い音楽を生み出せるのだ。

17世紀の大哲学者で数学者でもあったライプニッツは、こんな言葉を残している。

「音楽は人間が無意識に
数を計算することで得られる魂の快楽である」！

この本では、数と音楽の関係がいかに深いかということ、そして音を聴く、あるいは音楽を聴く・演奏することが、じつは数を無意識のうちに感じ、精妙な計算を行っているということを、順を追って示していきたいと思う。

3 音符は分数であらわされている

分数には二つの意味がある

分数でつまずいたことで、算数や数学が嫌い、苦手になったという人、けっこういるんじゃないだろうか。たしかに、それまでの1、2、3……という自然数に比べて、分数はちょっとわかりづらいかもしれない。とくに足し算・引き算はめんどくさい。

分数は横棒の上と下に二つ数がある（分子と分母)。分数は二つの数の比較をあらわしているのだろうか？　それとも一つの数なのだろうか？　じつは、分数にはそのどちらの意味もあるのだ。たとえば、$\frac{3}{4}$には3：4という比（❶）の意味と、一つのものを四つに分けたうちの三つ（❷）という、二つの意味がある（右ページ図参照)。

音楽にはいろいろな分数が出てくるが、音の高さに関しては❶の比としての分数、リズムに関しては❷の分割する分数を使うことが多い（音の高さについては後述)。

音符は分数そのものをあらわしている

音楽時間は小節（この場合“拍子”といってもいい）の繰

❶リンゴ三つと四つの比較

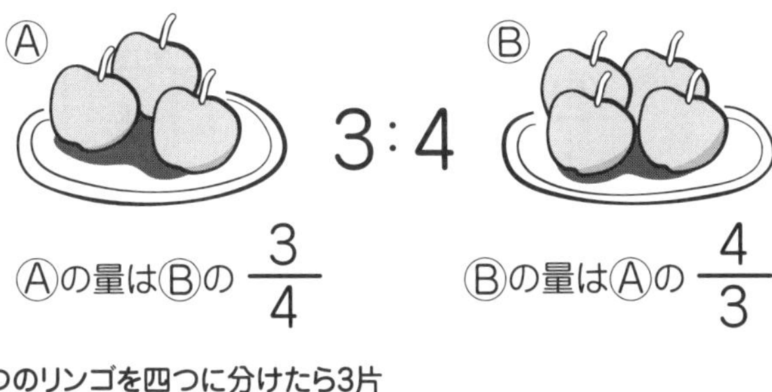

❷一つのリンゴを四つに分けたら3片

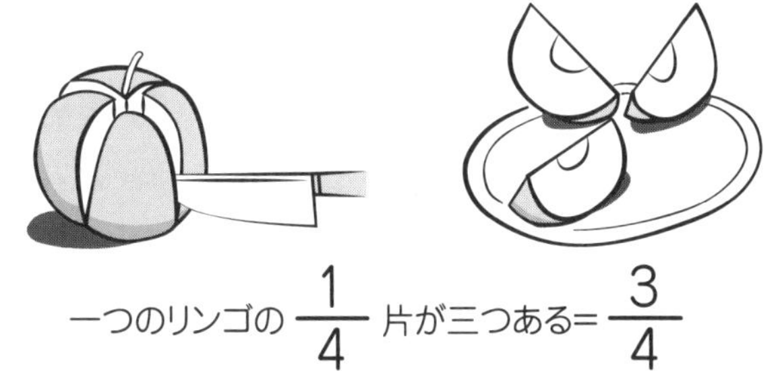

り返しで進んでいく。1小節の中はさらに拍で分割され、4拍子であれば、1拍、2拍、3拍、4拍とかぞえることができる。拍は小節の中を切り分ける。1枚のパイを4等分すると、1片、2片、3片、4片とかぞえられるようになることと同じだ。四つに分けたうちの一つは$\frac{1}{4}$。

4分の4拍子のとき、1小節の4分の1の長さをあらわす音符を「4分音符」という。これは全音符を四つに分けた音符という意味、つまり「4分の1音符」ということだ。

では4分の3拍子の場合、1小節の3分の1の長さをあらわす音符は3分音符となるかというと、そうは呼ばない。

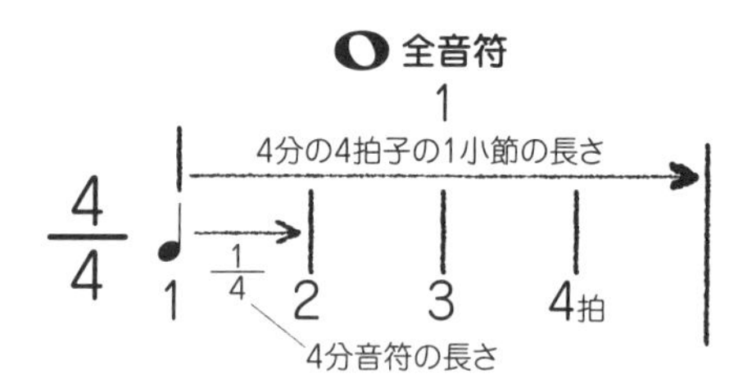

なぜかというと、4分音符に相当する音符が、拍子が変わるたびに呼び方が変わってしまえば、たいへん不便で混乱してしまうからである。音符名はどのような拍子であろうとも全音符（4分の4拍子の1小節の長さ、つまり4拍分の長さ）を1とする分数であらわすことになっている。

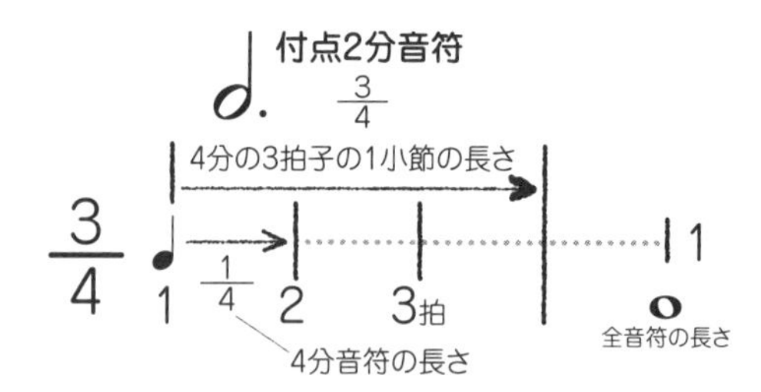

全音符の全は、4分の4拍子1小節分の長さを「全=1」とするという意味だ。音符のあらわし方は全音符の「1」を単位として、$\frac{1}{2}$〔2分音符〕、$\frac{1}{4}$〔4分音符〕、$\frac{1}{8}$〔8分音符〕……と次々に2分割することを基準としている。さらに、8分音符を2分割すると16分音符、16分音符を2分割すると32分音符となる。

要するに、音符は全音符の長さを2分音符、4分音符というように2分割していったもので、その意味合いは$\frac{1}{2}$、

$\frac{1}{4}$といった分数なのである。音符は分数そのものといえるのだ。

付点音符は、元の音符の半分の長さを足す。たとえば付点4分音符ならば、$\frac{1}{4}+\frac{1}{8}=\frac{3}{8}$の長さになるわけだ。つまり付点は元の音符の$\frac{1}{2}$を意味している。

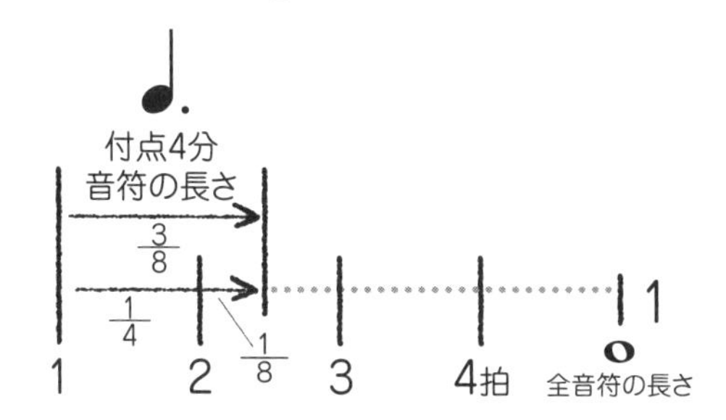

複付点音符というのもある。これはさらに、$\frac{1}{2}$の半分の$\frac{1}{4}$を足したものだ。複付点4分音符ならば、$\frac{1}{4}+\frac{1}{8}+\frac{1}{16}=\frac{7}{16}$の長さとなる。

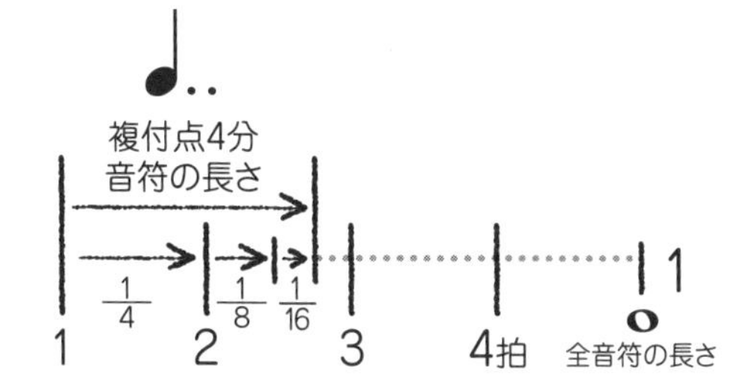

こう書くと、音符の計算ってえらくめんどくさいと思うかもしれないが、実際は分数を思い浮かべながら譜面を読むなんてことはないだろう。そのとき、音符の長さは身体

音符の長さ

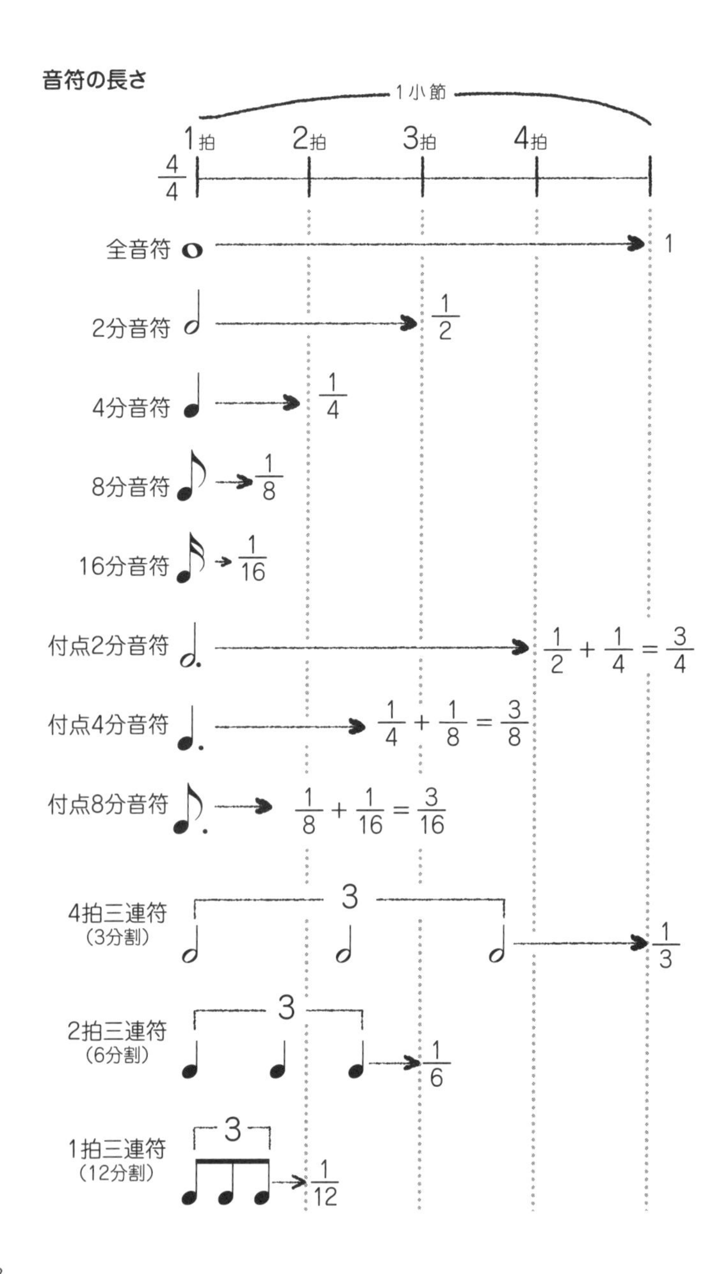
1小節
1拍
2拍
3拍
4拍
4/4
全音符
1
2分音符
1/2
4分音符
1/4
8分音符
1/8
16分音符
1/16
付点2分音符
1/2 + 1/4 = 3/4
付点4分音符
1/4 + 1/8 = 3/8
付点8分音符
1/8 + 1/16 = 3/16
4拍三連符
（3分割）
3
1/3
2拍三連符
（6分割）
3
1/6
1拍三連符
（12分割）
3
1/12

感覚で計算されているのだ。楽譜の初見に強い人というのは、じつは意識の背後で脳が猛烈な速さで分数計算をしている。高速のコンピュータのバックグラウンドタスクのような働きをイメージするといいかもしれない。

音符は五線の中の上下の位置で、音の高さをあらわしている。音符の高さは音階の順番を示す数字であらわすこともできる（詳しくは後述）。このことは、音符も数字の一種であるということを意味している。一つの音符には二つの数が隠されており、長さを分数で、高さを序数（順序をあらわす数）であらわしているのだ。

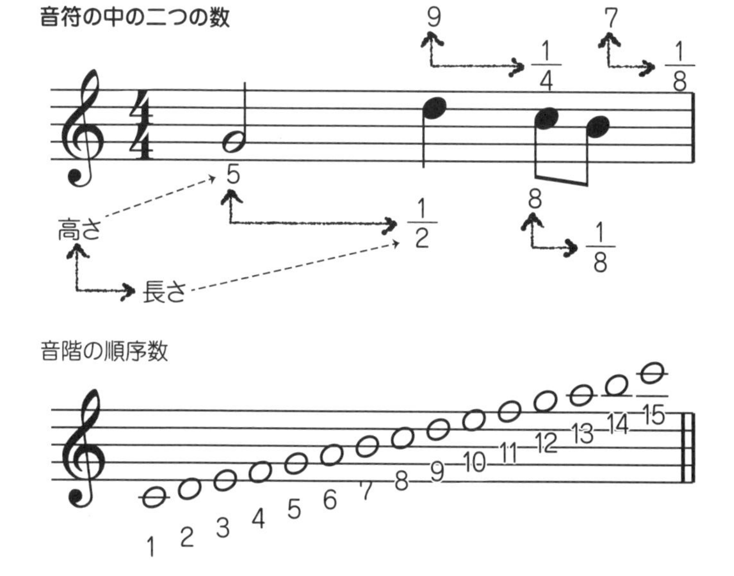

音符の中の二つの数

音階の順序数

4 拍は時間をかぞえている

かぞえる数と測る数

数には、個数をかぞえる数（基数）、順番をかぞえる数（序数）、量を測る（量る、計る）数（量）など、いくつかの違った使われ方がある。

リンゴが「1個、2個、3個……」といったときの数は、個数をかぞえる数。番号「1番、2番、3番……」は序数。順番をあらわす数は1、2、3……（自然数）しか使わないことが多い。0番というのはあまり聞いたことがないはずだ。しかし最近では、プロ野球の背番号に0を使うこともあるように、まったく使われないわけではない。

もう一方の測る数は、長さや重さなどの量をあらわす。メジャーで測るときは0が基点で、目盛りは0からはじまり、単位ごとに数値が割り当てられている。測る数の場合、ある数とある数の間に、いくらでも細かく測れる数がある。たとえば、3と4の間には、3.8627だとか、3.333......、3.1415......など、無限に数が存在する。

目に見えるものをかぞえるときには、数は目に見える形であらわれている。それを記号に写せば、Ⅰ、Ⅱ、Ⅲ……の

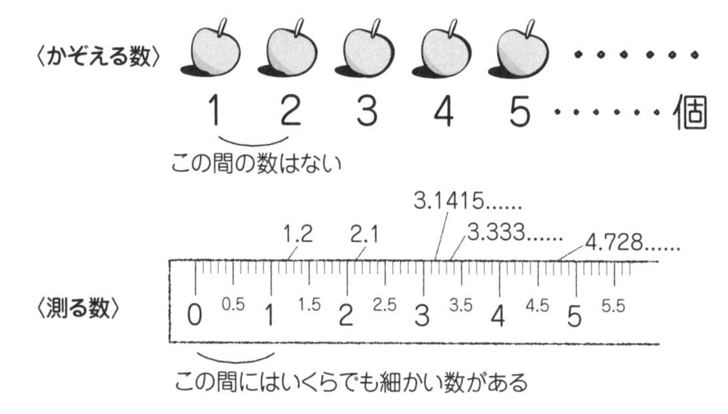

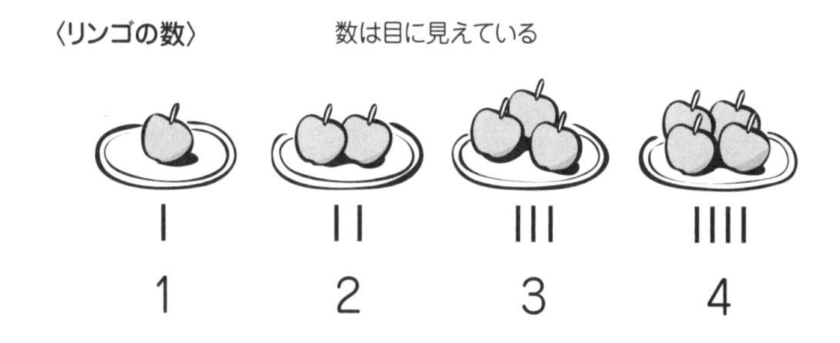

ように書くことができる。

しかし測る数は目に見えない。長さなどは、数を使わなくとも測ることができる場合がある。“ひも”を使えば長さを写し取り、違う長さを比較することもできる。量を測るのに数を使うようになったのは、おそらく古代文明のはじまる少し前ぐらいからだろう。いや、量を測るのに数を使えるようになったことから、文明が発生したとさえいえるかもしれない。それに対し、かぞえる数はずっと古いんじゃないだろうか。

音楽はかぞえる数

西洋の音楽理論では、音の高さと時間を、かぞえる数であらわすようになった。それには理由がある。本来、音は高さといい、強さといい、時間といい、測る数であらわされる量である。しかし、その量は目にも見えなければ、ひもでも測れないものだった。

グレゴリオ聖歌など、歌だけの古い音楽では、言葉のもつ自然なリズムに従って、音の長さは感覚的に決められていた。しかし、パートごとに別のメロディーを歌う、あるいは演奏する複雑な音楽（多声音楽／ポリフォニー）になってくると、音符の長さを決めないと合わせることが難しくなってきた。そこで、なにか基準となる単位をつくって、それをかぞえるという方法が考え出された。

時計のなかったころ、人間が身近に感じることのできる一定の時間の刻みは脈拍だった。ガリレオも脈拍で時間を測ったという（ちなみに、ガリレオの父ヴィンチェンツォ・ガリレイは音楽家だった）。一方、音の高さは音階の順番であらわした。

このように、本当は量である音の性質を、かぞえられる数をあらわす音符で記すようになっていった。そのことで、だんだんとではあるが、正確な音の長さや高さを楽譜に記すことができるようになっていき、演奏者はそれを楽に読み取れるようになった。ほぼ現在と同じ、わかりやすい簡潔な楽譜の書き方が完成したのは17世紀以降のことで、それにより音楽の再現性は飛躍的に高くなった。

5 拍子記号と分数

楽譜の最初には分数が！

五線譜の一番はじめを見てみよう。最初にあるのがト音記号（またはヘ音記号。総称して音部記号という）。次に♯や♭の調号（ない場合もある）。その次に$\frac{4}{4}$などの拍子記号が書かれている。

拍子記号は拍子と、拍の音符をあらわしている。

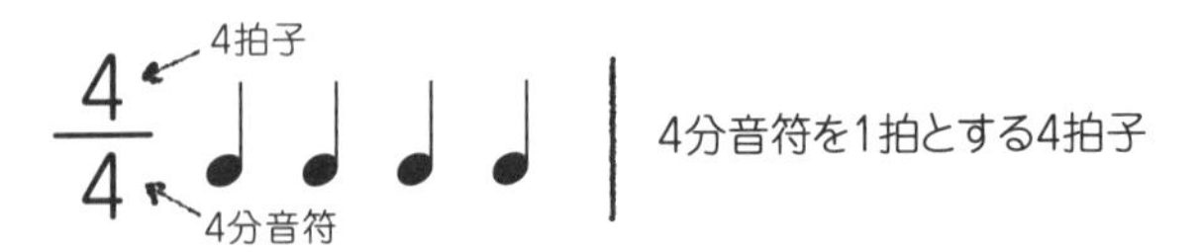

分母が拍の単位となる音符で、分子は1小節の中の拍の数（つまりその数が拍子）である。4分の4拍子とは、4分音符を1拍とする4拍子という意味になる。

このように拍子記号は分数の形で書かれているが、これは本当に分数なのだろうか？　分数なら$\frac{4}{4}=1$となる。すでに見たように、この1は全音符の「全=1」のことだ。1小節に拍が一つだけで、その音符が全音符であれば1分の1拍子ということになる。しかし、4拍子と1拍子ではかぞえ方が違う。拍子の$\frac{4}{4}$は4つかぞえると1（全）になるという意味である。4分の3拍子であれば、1小節は全音符の$\frac{3}{4}$となる。

ところで、実際の音楽で1拍子はほとんどない。拍子とは1小節の中を分けてかぞえることであるから、通常2拍

拍子記号		全音符を1として1小節の長さ	拍と音符	拍子名
$\frac{1}{1}$	=	1	𝅝	1分の1拍子
$\frac{2}{2}$	=	1	𝅗𝅥 𝅗𝅥	2分の2拍子
$\frac{3}{2}$	=	1.5	𝅗𝅥 𝅗𝅥 𝅗𝅥	2分の3拍子
$\frac{4}{2}$	=	2	𝅗𝅥 𝅗𝅥 𝅗𝅥 𝅗𝅥	2分の4拍子
$\frac{2}{4}$	=	0.5	♩ ♩	4分の2拍子
$\frac{3}{4}$	=	0.75	♩ ♩ ♩	4分の3拍子
$\frac{4}{4}$	=	1	♩ ♩ ♩ ♩	4分の4拍子

拍子は分数といえる?

$$\underset{\text{4分音符}}{\frac{1}{4}} \times \underset{\text{拍数}}{4} = \overset{\text{拍数=拍子}}{\frac{4}{4}}\text{分音符} = 1\ \text{音符=全音符}$$

$$\underset{\text{4分音符}}{\frac{1}{4}} \times \underset{\text{拍数}}{3} = \overset{\text{拍数=拍子}}{\frac{3}{4}}\text{分音符} = \overset{\text{1小節}}{\underset{\text{全音符}}{1} - \underset{\text{4分音符}}{\frac{1}{4}}}$$

$\frac{4}{4}$ ♩+♩+♩+♩ = 𝅝

$\frac{3}{4}$ ♩+♩+♩ = 𝅗𝅥.

拍子を分数として考えるとき、$\frac{4}{4}$（拍子）=1（小節）は一見つじつまが合うが、$\frac{3}{4}$（拍子）=1（小節）となると、おかしなことになってしまう。それは楽典をはじめて学習する人には混乱のもとになるので、私は以前、楽典の本を編纂（へんさん）したときに、拍子記号は数学の分数ではないと書いたことがある。単純に初歩の音楽的な理解では、分数として考えないほうがよいと思う。しかし、もう少し数との関連を正確に考えると、やはり分数であるといえるのだ。

$\frac{4}{4}$（拍子）=1（小節）ではなく、$\frac{4}{4}$（拍子）＝$\frac{1}{4}$（音符）×4（拍）＝1（音符）が正しい。$\frac{1}{4}$音符とは4分音符、1音符は全音符のことだ。つまり4分の4拍子は、4分音符が四つ、1小節が全音符一つ分の長さになるということを示している。

4分の3拍子であれば、$\frac{3}{4}$（拍子）＝$\frac{1}{4}$（音符）×3（拍）＝$\frac{1}{2}+\frac{1}{4}$（音符）、つまり4分の3拍子は、4分音符が三つで、1小節が付点2分音符の長さとなる。

子以上でなければならないのだ。

4分の4拍子=2分の2拍子ではない?

ところで、数学では$\frac{4}{4}$は約分して$\frac{2}{2}$となるが、では4分の4拍子と2分の2拍子は同じなのだろうか？　だが、それに答える前に、分数についてもう少し考えてみよう。

分数は、分子÷分母という意味があるので、この値を計算すれば、割り切れるときは整数になるし、割り切れなければ小数であらわすことができる。

$$\frac{18}{3} = 18 \div 3 = 6$$

$$\frac{3}{4} = 3 \div 4 = 0.75$$

また分数は、分子と分母に同じ数をかけても割っても、その値は変わらない。$\frac{4}{3}$と$\frac{8}{6}$はどちらも1.333……になる。

$$\frac{4}{3} = \frac{8}{6} = 1.333\ldots\ldots$$

では、$\frac{4}{3}$と$\frac{8}{6}$はまったく同じ意味なのだろうか？

4÷3と8÷6で余りを出す計算をすると、

$$\frac{4}{3} = 4 \div 3 = 1 \cdots 1$$（1余り1）

$$\frac{8}{6} = 8 \div 6 = 1 \cdots 2$$（1余り2）

となり、答えが違ってくる。分数としての$\frac{4}{3}$と$\frac{8}{6}$は違った意味を持っていそうだ。たとえば、一つのパイを三つに分けた$\frac{1}{3}$が四つあるときと、一つのパイを六つに分けた$\frac{1}{6}$が八つあるときでは、少し意味が変わってくるだろう。

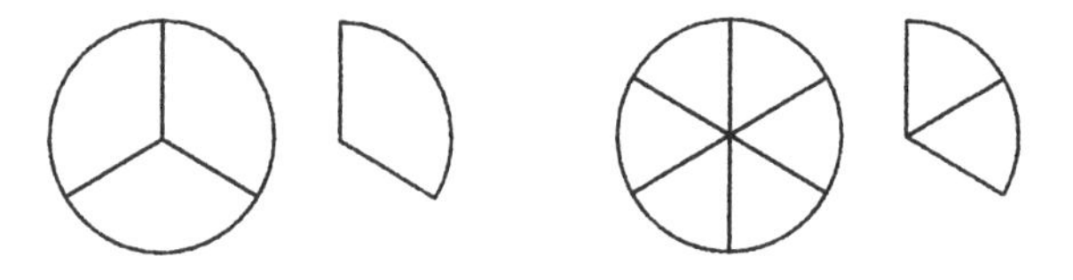

このように分数は、結果としての値が同じでも、書き方が違えば意味も違ってくる。同様に4分の4拍子と2分の2拍子では、1小節の長さは同じでも中の分け方が違うのだ。

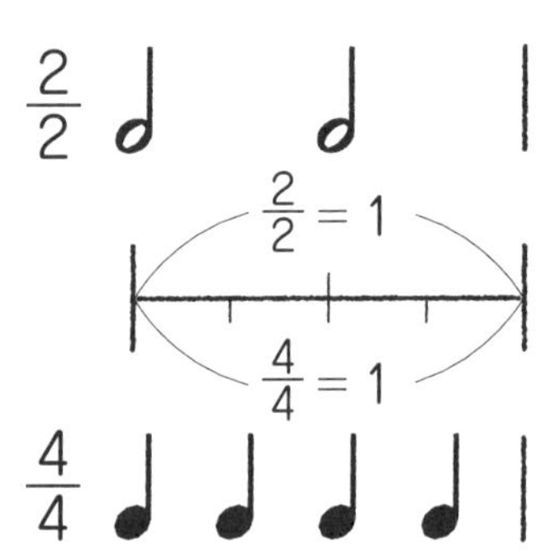

4分の3拍子と8分の6拍子も、長さは同じだが分け方が違う。4分の3拍子は単純に4分音符が三つ、$\frac{1}{4}\times 3$だ。しかし、8分の6拍子は8分音符三つ1組が二つで、$(\frac{1}{8}\times 3)\times 2$とかぞえる。つまり音楽理論では、8分の6拍子は、$\frac{3}{8}$が二つの2拍子の1種と考えるのである。

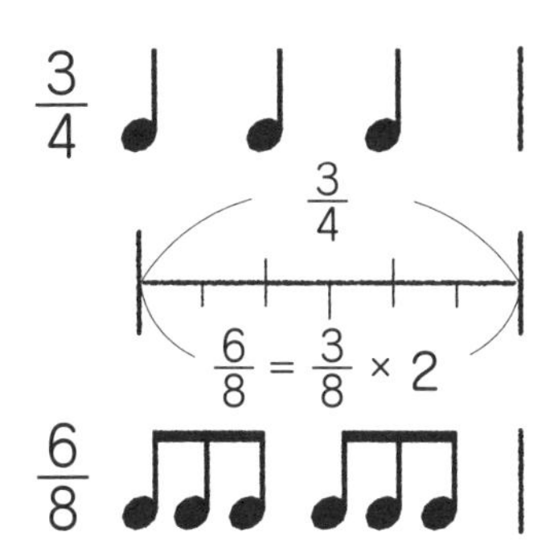

よく使われる拍子のしくみを分数で考えると次のようになる。

$$\frac{6}{8} = \frac{3}{8} \times 2$$ 2拍子

$$\frac{9}{8} = \frac{3}{8} \times 3$$ 3拍子

$$\frac{12}{8} = \frac{3}{8} \times 4$$ 4拍子

$$\frac{5}{4} = \frac{2}{4} + \frac{3}{4}$$

または $\frac{3}{4} + \frac{2}{4}$

5拍子

音楽のノリは拍子がつくる

西洋音楽ではこのような比較的単純な数の拍子しか使われないが、世界にはもっと複雑な拍子がある。たとえばアラブの人たちは8分の7拍子なども使いこなすし、8分の21拍子などというものもある。

一つサンプルをあげると、ムスターフィルンという拍子は、このようなしくみになっている。

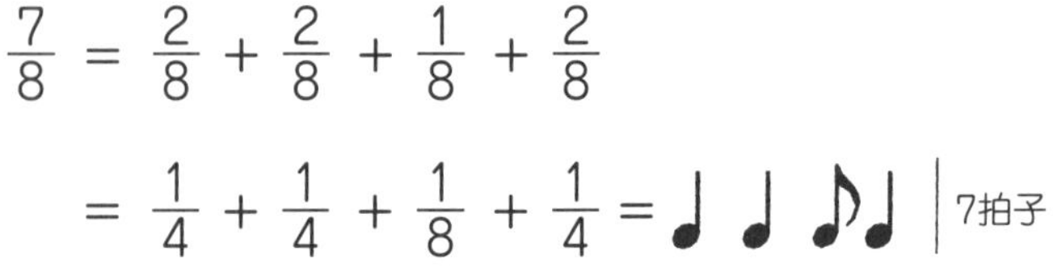

$$\frac{7}{8} = \frac{2}{8} + \frac{2}{8} + \frac{1}{8} + \frac{2}{8}$$

$$= \frac{1}{4} + \frac{1}{4} + \frac{1}{8} + \frac{1}{4} =$$ 7拍子

ある曲がもつリズムのノリは、拍子によって基本的なフィーリングが決まる。拍子は、1曲を通して繰り返される小節という単位を、さらに分けた分数であらわされている。拍子のもつノリは分数のリズムによってつくられているのだ。

また同じ拍子記号でも、曲やアレンジの解釈によってノリは変わってくる。たとえば4分の4拍子であれば、まず1小節を四つの拍で感じるということが基本だが、さらにどう部分拍を感じるかでノリは完全に変わってしまう。ロックのリズムは8（エイト）ビートとよくいわれるが、譜面上は4分の4拍子で書かれた曲を、8分音符で拍をカウントして演奏のノリをつくり出している。これを分数であらわすと次のようになる。

$$\left(\frac{1}{8}+\frac{1}{8}\right)+\left(\frac{1}{8}+\frac{1}{8}\right)+\left(\frac{1}{8}+\frac{1}{8}\right)+\left(\frac{1}{8}+\frac{1}{8}\right)=\frac{4}{4}$$

beatを訳すと「拍」になる。つまりエイトビートとは8拍ノリということなのだ（ちなみに英語では「拍子」はtimeといい、4拍子はquadruple time、4分の4拍子はfour-four timeなどの言い方をする）。

6 分数から連続数へ

わずかなズレがリズムを生き生きとさせる

拍は、実際に音楽の中で鳴っている音ではない。3拍子ならば、1－2－3｜1－2－3｜……のように、拍子に従って数を繰り返し、音楽の背後で曲の進み方をコントロールしている同期信号のようなものなのだ。

音楽には、1曲を通してほとんどテンポが変わらないものと、曲中でテンポが変化するものがある。前者はポピュラー音楽に多く、後者はクラシック音楽に多い。ポピュラー音楽では、とくに拍に合わせて打楽器（シンバル）をたたき、いわば拍を聞こえる音に変換している場合が多い。しかし、音楽を人間が演奏するかぎり、拍に演奏音が厳密に一致しているわけではない（コンピュータの演奏では簡単にできるが……）。どんなに正確に聞こえる演奏であっても、人間である限り、ほんのわずかにずれているのである。しかも、そのわずかなズレこそがリズムに生きたノリを与えている。

拍を聞こえる音にしてくれるメトロノームはテンポ感や拍の感覚をつかむのに便利な道具だが、拍は人間の感じる

音楽時間感覚なので、完全にメトロノームと一致するわけではない。メトロノームに合わせる練習で、いつもずれてしまう人も安心（?）してほしい。メトロノームより人間の感覚のほうがずっと音楽的なんだ。ただし、合奏や合唱のとき、一人ひとりが違う拍の感覚で演奏するとバラバラになってしまう。それをまとめるのが指揮者の役割となる。指揮者を中心に、みんなの音楽時間の感覚が一致すると、アンサンブルはきれいに合うのだ。

生きたリズムと数の関係

さて、時間はいつも途切れることなく流れている。音楽はこの時間の中でしか表現することができない。流れる時間は物のように1個、2個……とかぞえることはできない。それは長さや重さなどと同じように計るものだ。実際の時間はそれを時計で計るが、あくまで時計の単位（秒、分など）は便宜的なものでしかない。

音楽時間と時計時間の関連を考えてみよう。拍が一定に刻まれテンポが変わらないタイプの曲であれば、小節と拍の進行時間は、時計時間と単純な正比例で計算することができる。楽譜上で曲のテンポを示すにはメトロノーム記号を使うことが多い。メトロノーム記号は、1分間に拍となる音符がいくつあるかをあらわしている。4分の4拍子であれば、1分間に4分音符がいくつ刻まれるかをあらわす。1拍進む時間は60÷M（メトロノーム時間）で計算でき、M=60であれば1拍進む時間は$\frac{60}{60}$=1秒、M=100のときは$\frac{60}{100}$=0.6秒となる。4分の4拍子のとき、曲の先頭からN小節とB拍先までの時間Tは、$T=\frac{60}{M}\times 4\times(N-1)+\frac{60}{M}\times(B-1)$で計算できる。

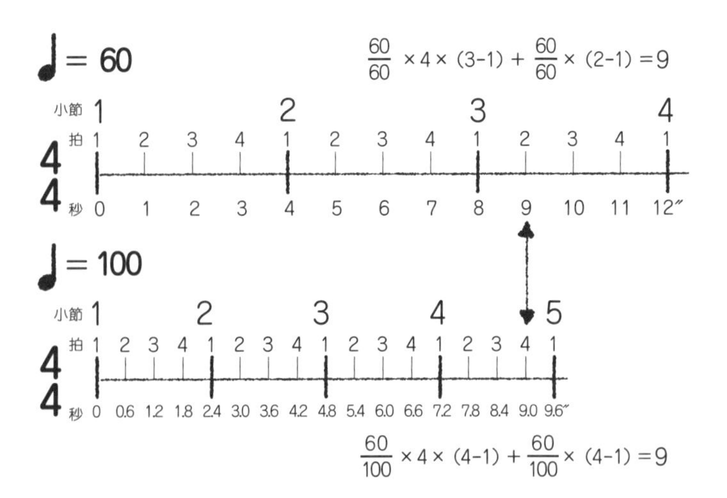

だが、メトロノームの刻む機械的な拍と実際の音楽時間の感覚の拍とにズレがあるので、これはおおよその目安でしかない。ズレは拍の中の時間にもある。

4分音符の1拍の長さを2分割すると8分音符に、さらに2分割すると16分音符に分割できるが、このように拍の間を2分割、4分割するような点を部分拍という。

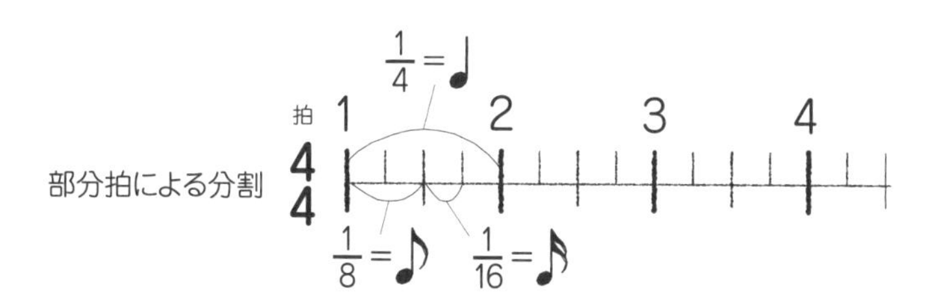

この部分拍も、実際の演奏では、このような計算上の数の区切りの良いところに必ずしもぴったり合うわけではない。楽譜上では音符が拍や部分拍のところに書いてあっても、それをわずかにずらしたりゆらしたりするのは、演奏家の表現にまかされているのだ。

次ページの楽譜は、ベートーヴェンの交響曲第5番「運命」の有名な出だしの部分である。あの「ジャ ジャ ジャ ジャーン」のところだ。はじまりは8分休符。だから実際は休符を感じてから音を出す。本当は「**ン** ジャ ジャ ジャ ジャーン」なのだ。

この最初の音の出を半拍の位置よりわずかに早く、ある

いは遅くすることによって、曲のはじまりの印象はがらりと変わる。それこそ指揮者の腕の見せどころなのだ。そのように微少な感覚的ズレは、数字にできるようなものではない。録音された音をコンピュータで分析すればコンマ何秒という時間まではわかるが、それもあくまで近似値でしかない。時間はあくまで連続する流れであり、そこにある数はデジタルな数ではなくアナログな連続数なのだ。

7　音楽は時間の再構築

前節の「6　分数から連続数へ」で、音楽で演奏される音は、拍のように単純な分数で分割された位置から少しずれているほうが自然であるといったことを書いたが、拍の進行もまた時計の時間のように一定に刻まれるわけではない。拍の進みはあくまで人間の感じる音楽時間なのであり、それは速くなったり遅くなったり、伸びたり縮んだりすることもあるのだ。

拍を感じることは呼吸の感覚ともつながる。とくに小節の頭の第1拍（強拍）は、その前のウラ拍で息を吸い、それを1拍目に吐くことで強拍のエネルギーとして感じることができる。

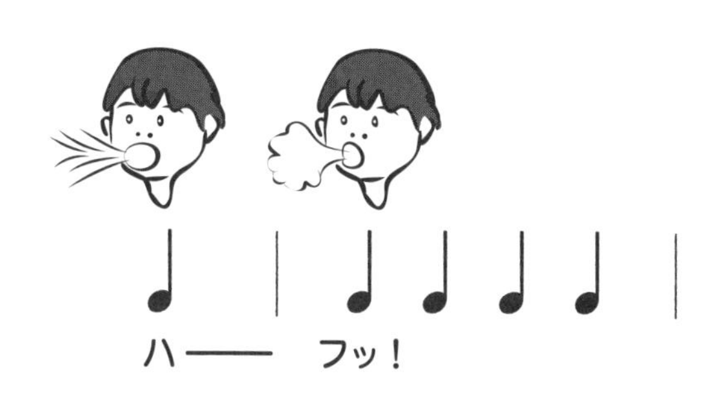

息を吐く場合と吸う場合にかかる時間がまったく同じではないように、音楽の拍も強拍とその前のウラ拍の長さは異なることも多い。しかも、呼吸の繰り返しは時計のように常に一定というわけではない。運動すれば速くなるし、横になって休めば遅くなる。

拍の進行は呼吸の繰り返しにも似て、気分が高揚すると自然に速くなり、落ち着くと遅くなる傾向がある。しかも音楽の拍はもっと自由で、曲や演奏者によってまったく変わる。テンポ指定がメトロノーム記号でM=100と書かれている同じ曲の場合でも、実際に演奏されるテンポは演奏者によってかなり違いがあるし、曲の途中で「だんだんゆっくりと」「だんだん速く」などの指定がない場合でも、テンポが変わったり、ある箇所や1音符だけが長く引き延ばされるというようなこともある。

音楽は曲によって、それぞれ別の時間を持っている。一

〈演奏データ〉

演奏を一つひとつの音符の時間の伸び縮みで表現したグラフ

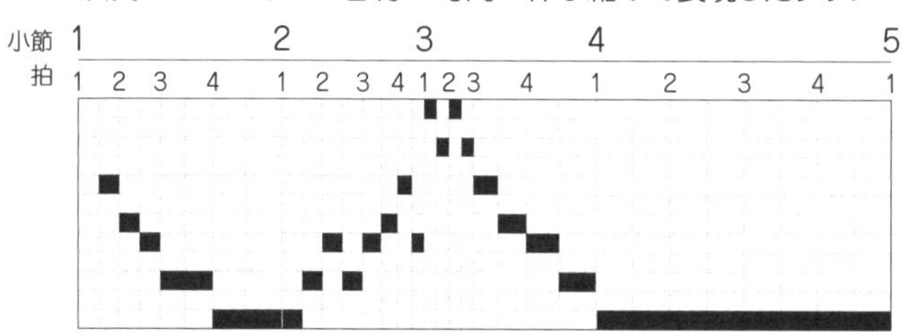

〈テンポデータ〉

演奏をテンポのゆれで表現したグラフ

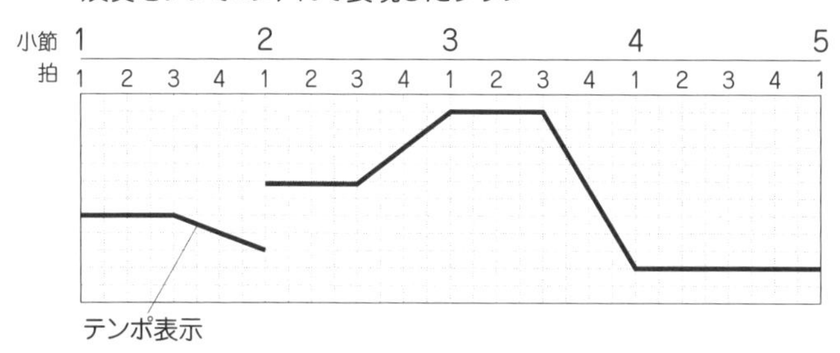

つの曲にはその曲だけにしかない時間体系がある。音楽家はそれらの曲を演奏することで、時間という目に見えない不確かなものを、声や楽器の音を使って（楽器以外の音を使う場合もあるが）、あたかも時間の建築のように組み立て

直している。音楽によって時間をつくり直しているのだ。

音楽は、物理的には耳から空気の振動が鼓膜を通して脳に入り電気信号に置き換えられた現象ではあるが、すぐれた曲や演奏は心の中で小宇宙のように広がる。まさに音楽は時間の芸術なのだ。

コラム

音楽時間は時代で変わる

音楽のもつ時間は日常の時間とは違う、音楽家によってつくられた時間だ。いや、音を出す人と聴く人の共有関係でつくられるといったほうが正しいかもしれない。

しかしまた、音楽時間も人々の生活時間と無縁ではない。現代のように、生活が正確な時計時間に管理されていると、音楽も正確なビートを持つものが好まれるようだ。最近のポップミュージックはコンピュータでつくられた演奏をバックにしているものが多く、そこでは拍も時計時間とほとんど変わらなくなっている。それではあまりに非音楽的すぎると私などは思うのだが、管理された時間に慣れている人々には Just on time on beat のほうがいいのかもしれない。時間にもっとおおらかだった時代、音楽のリズム進行もいまほどタイトなものではなく、もっとゆるかった。

このように、音楽には時代時代の生活時間がある程度反映されている。しかしだからといって、音楽時間と生活時間は同じではない。音楽時間は非日常時間であるからこそ、良い生演奏を聴いていると別の時間感覚が起こり、人は感動する。

時間を感じることは、生きているということを感じることだ。つまり、音楽で新たな時間を感じたとき、人は生きているということを再確認する。だからこそ音楽はすばらしいのだ。

8 リズムって一体なんだ?

ところで、これまでリズムという言葉を何度も使ってきたが、さてあらためて「リズムとはなんですか?」と問われたら、どう答えたらよいのだろうか?

リズムという言葉は、たとえば「○○にはリズムがあるよね!」などと日常でもよく使われる。歩くリズム、生活リズム、言葉のリズム、星や月の運行のリズムなどなど。そして音楽のリズム。これらに共通している一番わかりや

コラム

リズムの語源

リズムという言葉の語源を調べると、古代ギリシャ語のリュトモス(rhuthmos)さらにリーイン(rheein)にたどり着く。リーインは「流れる」という意味である。ヘラクレイトスの有名な言葉「万物は流転する」は古代ギリシャ人の思想をあらわしているが、リーインは「流れる→流れるもの→万物→万物の形」と変化していき「リュトモス/ものの形」になった。そして「リュトモス」が「リズム」になる。「リズム」という言葉の中には「流れるもの」と「ものの形」の両方の意味が含まれているのだ。「流れて

すいことは「繰り返し」だろう。では、リズムとは調子よく繰り返すことだろうか？　確かにそういう面もあるかもしれない。だが、それだけではしっくりこない。

一つ例を考えてみよう。野球中継で解説者が「今日のピッチャーはリズムよく投げていますね!?　これではバッターもなかなか打てないでしょう」といったら、どんな状態を思い浮かべるだろうか？ まずテンポよく投げているだろうと想像がつく。しかし、ただポンポンと単調に投げていたのでは簡単に打たれてしまうだろう。「リズムよく」と「テンポよく」は同じではない。「リズムよく」では、間合いも微妙な差をつけ、投球にも緩急の差や球種の

いくものの形」、そこからリズムは「繰り返す形」になっていく。つまり、その形は繰り返しながら変化していくのだ。

「リズム」はもともと音楽用語ではなかったが、のちに音楽の重要な要素と考えられるようになったため、いまでは多くの人が音楽に関連する言葉だと思っている。だが「リズム」という言葉は音楽以外のことにも、比喩としてではなく使うことができるのだ。「リズム」を日本語にすると「律動」である。だが「律動」では「リズム」のもとの意味が伝わりにくい。いまではほとんど死語で、使う人もあまりいないだろう。

変化をつけるだろう。つまり、リズムには必ず繰り返しがあるが、その1回1回は少しずつ違っており変化している。ちょっと難しくいうと、「リズムとは変動するエネルギーの繰り返し」なのだ。

同じ音のたんなる繰り返しはリズムではない。同じ音が等間隔で繰り返される場合、パルスという。しかし人間は、たんなるパルスを聞いても「強－弱」の繰り返しとして感じることが多い。時計の音が「チック－チック－チック……」という同じ繰り返しでも、人は「チック－タック－チック－タック……」と聞く。それは、何の変化もない繰り返しでは時間の進みが感じにくいからだろう。一番単純なまとまりは、2の繰り返しなのだ。

特定の音にアクセントがつく繰り返しのパターンがあると、それは拍（ビート）になる。拍がまとまると拍子になる。拍や拍子は音楽そのものではなく、音楽がその上を走るレールのようなものだ。リズムとは、その音楽の音の中にある〈生きた変化のある繰り返し〉なのだ。

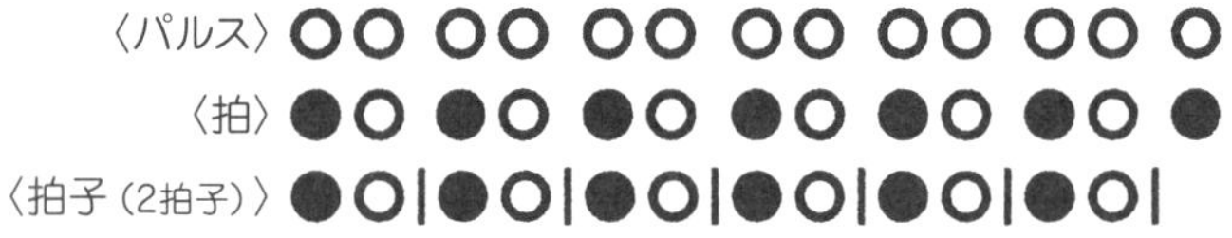

〈パルス〉○○ ○○ ○○ ○○ ○○ ○○ ○
〈拍〉●○ ●○ ●○ ●○ ●○ ●○ ●
〈拍子（2拍子）〉●○|●○|●○|●○|●○|●○|

9 リズムと無理数

分数ではあらわしきれないズレ

次に、サンバのパーカッションの演奏データを例として取り上げ、生きたリズムと数の関係について考えてみたい。

拍の正確な位置をタテ線で示した図に、実際に演奏され

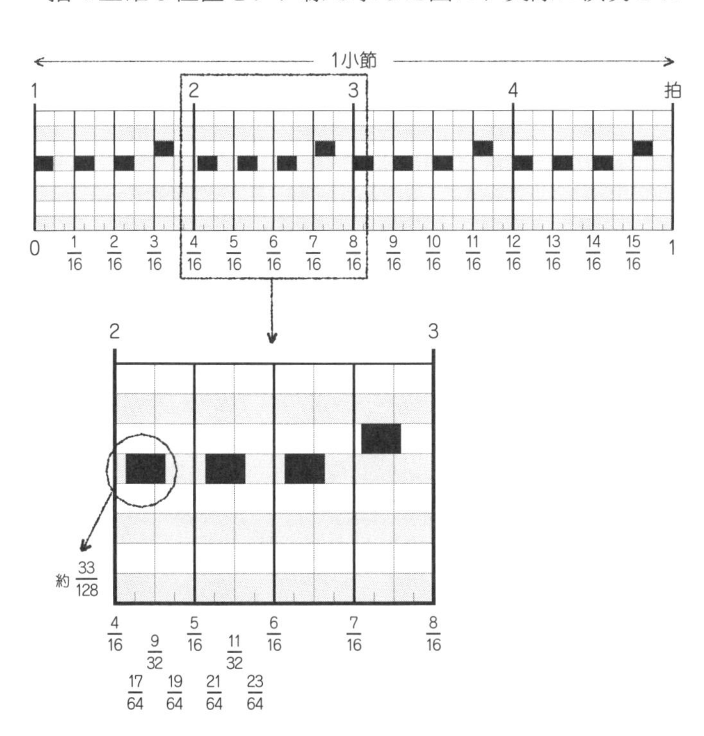

たうちの一つのパートの音の位置をプロットしたものが前ページの図である。ちなみに、楽譜に示したものが以下だ。

これは実際の演奏者がたたいている録音をデータ化したものだが、正確に聞こえるサンバの演奏でも、細かく分析してみると、拍や拍の間の$\frac{1}{2}$、$\frac{1}{4}$の位置からわずかにずれている音が多いことに気がつくだろう。譜面上は均等に16分音符が並んでいるが、実際の演奏では$\frac{1}{16}$の部分拍の位置からわずかにずれている。このわずかな時間の差が、ノリをつくっているのだ。

2拍めの部分を拡大したもの（前ページの下図）を見ると、最初の音の発音位置はおよそ$\frac{33}{128}$あたりである。2拍頭より約$\frac{1}{128}$遅れていることになる。しかしこれをもっと拡大すると、128分割（128を分母とする分数）ではぴったりとは合わず、ズレが見えることになるだろう。では254分割なら？　いや、拡大してもズレに気づくだろう。では、極限まで拡大してみたら？　やっぱりズレが見えてくるかもしれない。

実際の演奏音の厳密な発音位置は、分数であらわされる数字になるとは限らない。もちろん、それは感覚的なもの

なので、数値であらわす必要はまったくないし、そこまで正確に計るのは不可能である。そう、「ノリは数字なんかじゃあらわせない感覚なんだ！」と威張(いば)っていいのである。しかし、そこに数があることも確かなのだ。それはひょっとすると分数ではない数、無理数かもしれない。無理数って？　そう、あの$\sqrt{2}$とか円周率のπ(パイ)とかってやつ。分数であらわすことのできる数を有理数、あらわせない数を無理数という。

$\sqrt{2}$ と π を小数であらわすと、

$$\sqrt{2} = 1.4142135623730950488016887242096980 7\ldots\ldots$$
$$\pi = 3.141592653589793238462643383279502 88\ldots\ldots$$

小数点以下桁(けた)がえんえんと無限に続く。ただし、$\frac{1}{3} = 0.333\cdots\cdots$、$\frac{5}{7} = 0.714285714285\cdots\cdots$など、分数で示せるものや、同じ数や数の並びがずっと繰り返すものは有

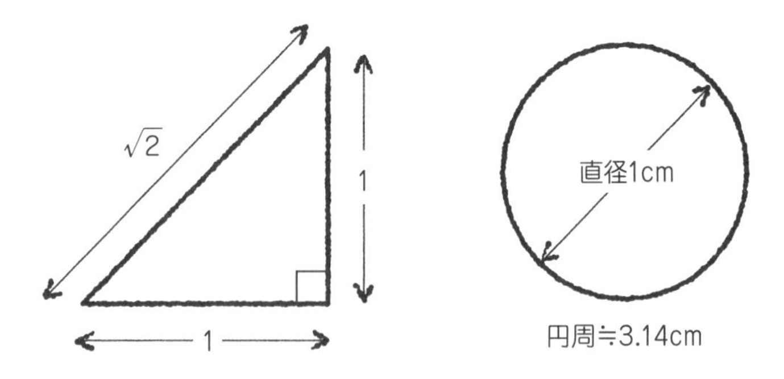

理数である。じつは、無理数のほとんどには$\sqrt{2}$やπのような名前はついていない。たとえば$\sqrt{2}$の桁のどこか1カ所だけ数字を入れ替えたら、その数はもう$\sqrt{2}$ではない無理数になってしまう。0.0001001000001011000001……など0と1しかない無理数だってある。

数を直線であらわしたものを数直線という。

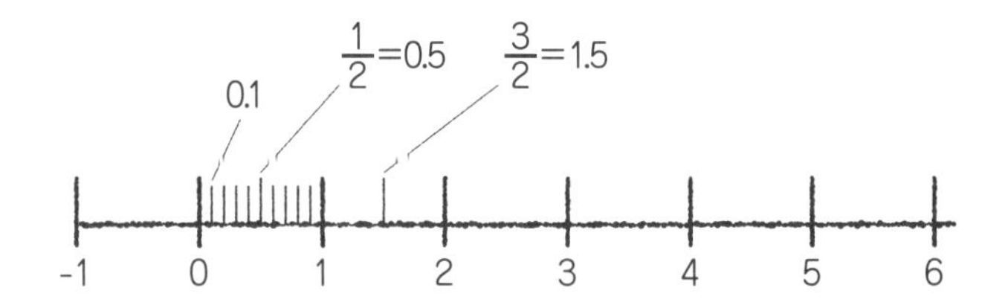

数直線の細かい一部をもっともっと細かくどんどんどんどん拡大していくと、そこにはものすごくたくさんの有理数がつまっている。そこにある有理数も無限個あるのだ。それでももっともっと拡大していくと、有理数と有理数の間には、さらにたくさんの無理数がつまっていることが見

えてくるはずだ（思考上の拡大で)。一定区間の中にも、無限個の有理数と無理数が含まれている。だが、有理数より無理数のほうが圧倒的に密度が濃いことが証明されている。

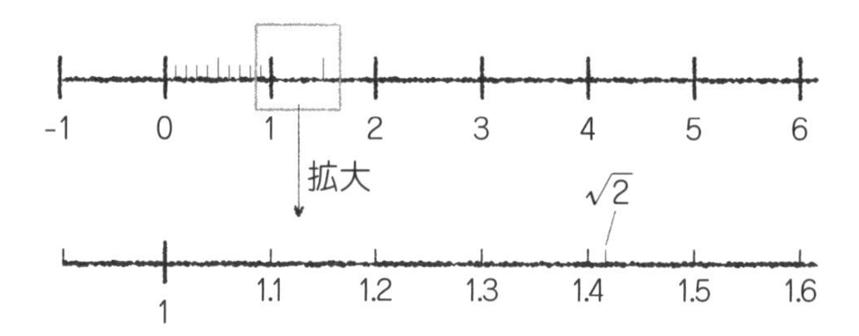

これまで見てきた演奏データのズレは、数直線上の有理数ではなく、無理数を示している位置に対応している可能性もあるとは考えられないだろうか。「リズムは感覚だ！」という場合の「感覚」には、じつは無理数が潜んでいたのだと考えてみたら、途方もなくおもしろそうではないか！（無限に存在する有理数よりも、さらに密度濃く存在する無理数なのだから)

スイングでもワルツでも

4分音符1拍分の長さを8分音符二つに分けるとき、同じ長さに2分割することが基本である。しかし実際の演奏では、譜面上では同じ長さの8分音符でも、前の音符は長く、後ろの音符を短く演奏することがある。とくにジャズでは8分音符の並びを、ターターターターターターターターではなく、タータータータータータータータと前の音符を長く引っぱって演奏することが多い。これはスイング奏法と呼ばれる。

こういう奏法はなにもジャズばかりではなく、ポップスや民謡にもある。またバロック時代のイネガル（不均等という意味）という奏法もそうである。前の音と後の音の割合は、曲のスタイルやテンポによっても違ってくる。拍を分割する点（部分拍）は、1：1から3：1ぐらいまで、曲のスタイルによって変わってくる。

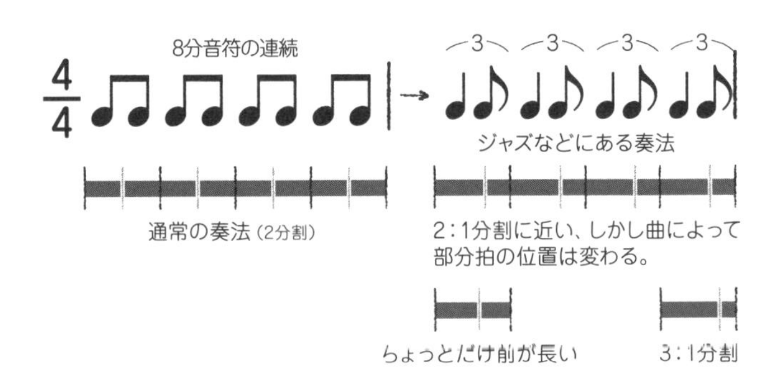

4分の2拍子の部分拍を1辺とする四角形を使って、部分拍の長さを見えるようにしてみよう。

通常の1：1分割であれば、正方形になる〈1〉。拍頭の8分音符が少し長くなり$\sqrt{2}$：1≒1.4：1ぐらいになったものが〈2〉。2：1の場合〈3〉。3：1の場合〈4〉。じつはジャズなどのスイング奏法では、正確な2：1よりも前の

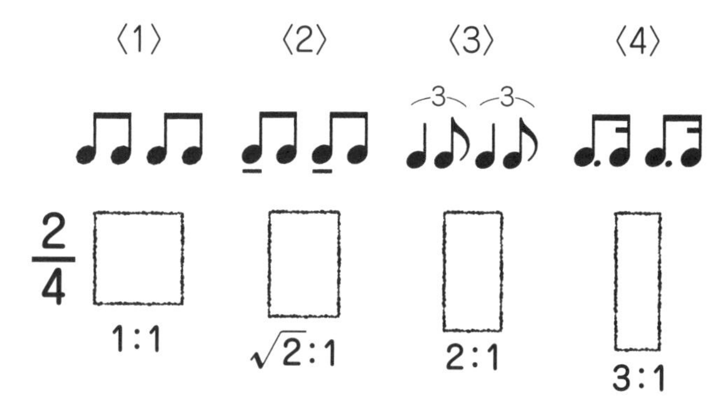

音が少し短いことが多いのだ。テンポが速い場合、だいたい$\sqrt{2}$：1≒1.4：1あたりで演奏されるような感じである。スイングは$\sqrt{2}$でノルとかっこいいのかもしれない！

ジャズのスイングの例を見たが、演奏データを示したサンバの例など、実際の演奏が整数だったり分数だったりというキリのいい時間の刻みとは微妙にずれている、それも"無理数"的とでもいいたくなるような絶妙なズレ具合であることは、音楽にはよくあることだ。

たとえば、日本でもテレビで生中継される名門オーケストラ、ウィーン・フィルハーモニー管弦楽団のニューイヤーコンサートを聞いてみよう。彼らの演奏するワルツの3拍子には独特のクセがあっておもしろい。2拍目が少し早いタイミングに来て3拍目の4分音符が微妙に短くなる。それがなんとも、分数（整数比）ではあらわしきれない、つまりは有理数的なものでない、無理数的なズレなのだ。そうした感覚が人間の深いところにあって、それが音楽をより生き生きと、おもしろく楽しくさせている。そんな感じを受けるのだ。

第2章

音階と数

I　メロディーと数

メロディーは音の並び、時間の中にあらわれては消えていく。私が学生のころよく聴いたエリック・ドルフィーの遺作アルバム「ラスト・デート」の最後に、彼の肉声が入っている。「When you hear music, after it's over, it's gone in the air. You can never capture it again. (音楽は終わると空気の中に消えていく。そして二度ととらえることはできない)」

もっと正確にいうと、音楽は終わってから消えるのではない。音は一瞬だけあらわれ、空中に放たれたとたん消えていく。

メロディーは、一つの声や楽器の音の1本の流れで、日本語でいえば「旋律」。「旋」は「あちこち回って元に戻

る」ということで、「律」はそれに規則があることを意味している。メロディーは音の高さを変え、リズムも変化をつけて流れていく。使われる音の高さは、階段のように段々に決まっている音階の中を行ったり来たりする。ただし、この音の階段は順番に上がったり降りたりするだけではなく、飛び方は自由であり、いきなり7段飛びするようなことだってある。とはいえ、1段1段、順番に上がったり降りたりするのが一番楽な進み方だ。いきなり飛び段するときは、「よいしょ」と力が必要となる。

階段だから、音階には順番がつけられる。音階がはじまる音は決まっているので、そこから1、2、3……とかぞえ

ることができる。それに対し、ド、レ、ミ、ファ、ソ、ラ、シという名前（階名）もついている。

しかし、シの次はまたドに戻り、そこからもう一度ド、レ、ミ……がはじまる。これは番号でいえば、1、2、3……と進み8までいくと、8=1となって、また1からはじまるということだ。音階は繰り返すのだ。ドと次のドの音は、高さは違うが同じ音として感じられる。この間隔を1オクターブという。オクターブは、ラテン語の8を意味する「オクト」が変化してできた言葉だ。オクトパスだと8本足のタコになる。音階の音をド、レ、ミ……で呼ぼうが、1、2、3……の番号で呼ぼうが意味はまったく変わらない。ということは、ドレミも数字の一種であるといっていいことになる。

メロディーのつながりは、数のつながりでもある。

2　音の階段＝音階ができたわけ

歌はなぜ生まれたのだろう?

もともと音に階段があるわけではない。声を低いほうから高いほうへ向かい「う――」と出してみよう。その声は低い音から高い音へ、連続して変化したはずだ。

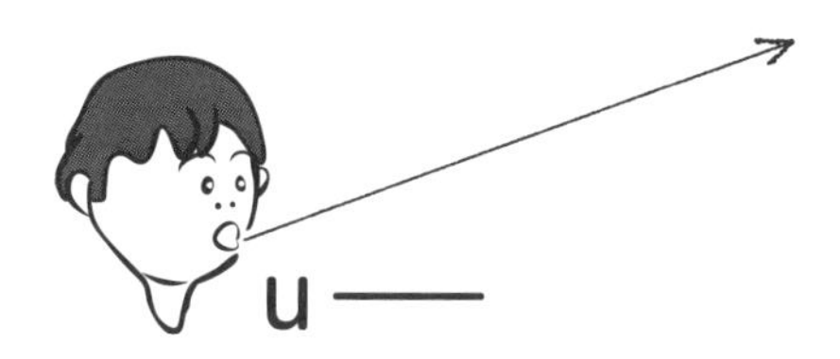

今度は「う〜〜〜」と高いほうと低いほうの間をくねくねと曲げながら声を出してみよう。

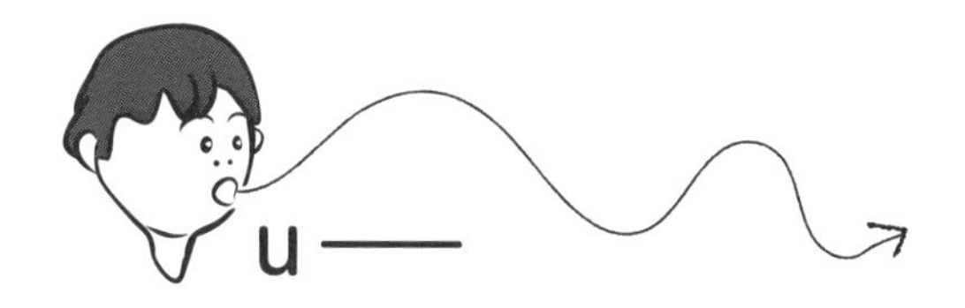

このように、音の高さは連続してつながっている。ではなぜ、本来は連続している音の高低に、階段をつけたのだ

ろう？　そこには歌の発祥にもつながる問題がある。

民族音楽学者の小泉文夫（1927～1983）はたいへん興味深い研究を残している。北極圏に住むイヌイットの歌を調べたところ、カリブー（大型のシカの一種）を狩る村の人たちは2人以上で一緒に歌うときうまく合わせることができないのに対し、クジラを狩る村の人たちはじょうずに合わせることができたというのだ。なぜそうなるのか。小泉先生はあることに気がついた。カリブーは2～3人で捕ることができるが、クジラはもっと大勢の人たちが共同で力を合わせないと捕ることができないということに。

集団で一つの作業をする場合、声を合わせることでみんなの動きを一つにするということは、とても自然なことだ。そのとき、かけ声をかけて声を合わせるほか、みんなで歌を歌うことも多い。また、作業の場面以外でも、集団としての結束力を高めるために、みんなで歌を歌うということもよくあることだ。

さて、みんなが同じメロディーを合わせて歌うためには、まずそのメロディーが覚えやすく、音の高さが取りやすいほうが楽である。定規などに目盛りをつけるのは、長さを測るとき、25cmなどと数の単位をもとに区切りのいい目安を作ったほうがわかりやすく正確だからだ。メロディーの音の高さも同じように、基準となる音から階段状に使う音を決めておいたほうが覚えやすく、音程（音と音との高さの関係）をつかみやすいのだ。

記憶しやすくするためにも

覚えやすい歌は、メロディーだけでなく歌詞も一緒に楽に覚えられる。素朴なメロディーの持つ音程とリズムが、とても単純な数の関係で成り立っているので、感覚的に受け入れやすく記憶に残りやすいからだ。

「お寺のおしょうさんがカボチャの種をまきました」という“わらべ歌”があるが、これを普通に話すように「おてらのおしょうさんが、かぼちゃのたねをまきました」と声にするより、リズムにのって調子よく、

と歌ったほうが覚えやすく、みんなで一緒に歌いやすいことは、だれにでもわかるだろう。音の高さが二つしかない、もっとも単純なメロディーだ。

では、音の高さが一つしかなかったらどうなのだろうか？ それはメロディーなのだろうか？

ためしに「おてらのおしょうさん……」を一つの音の高さだけで歌ってみてほしい。どうだろうか？ これだとぜんぜん調子が出ない感じになると思う。二つ以上の音の高さを使うことで、歌は言葉の抑揚とリズムを強調し、調子のよさを出しているのだ。だから歌にすると言葉も覚えやすく、みんなで合わせることも容易になる。少なくとも、一つの音だけの歌からメロディーは感じられない。メロディーはその背後に、音の高さを区別する二つ以上のかぞえられる数があって、はじめて成り立つのだ。

人々がまだ文字を持っていなかった時代、詩は書くものではなく歌うものだった。世代を超えて語り継がれる長い物語も、歌うことによって人々の記憶に留められた。メロディーの持つ力である。そして、歌を記憶しやすくするために、メロディーを覚えやすくするためにこそ、音の高さに階段（音階）をつくることが必要だったのだ。

3　歌のはじまりは2、そして3から5へ

音の高さをはっきり区別

すでに見てきたように、音を二つの高さに分け、調子よく声を出したことが歌のはじまりだったと考えられる。素朴な“わらべ歌”には、高い音と低い音の二つしかないものがある。これは必ずしもドとレのようにはっきりした音である必要はない。なんとなく高いほうの音と低いほうの音を繰り返している。これは歌の原型なのだ。

大事なポイントは、二つの音を区別しているということ。ここでは、2という、かぞえられる一番小さな数を感じている。2はかぞえることのはじまり、そしてメロディーのはじまりでもある。

これが3音になると、高−中−低になる。次は“じゃんけん歌”の「おちゃらかほい」の一節である。ここでも音の高さはいい加減でいい。

たよ
ちゃ　おちゃ　ほい
お　らかかっ　らか

このメロディーでは真ん中の音が中心音になっている。3になると中心ができるのだ。これを3音メロディーのAタイプとしよう。音の階段は次のようになっている。黒丸のところが中心音。

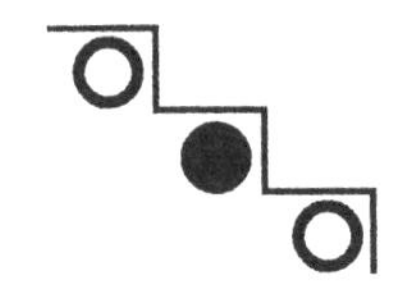

また、高い音が低い二つの音を従える場合もある。

せっ　　　せ──　　　　　　　　よい
　　せっ　　　　の　　　　よい
　　　　　　　　　　よい

これをBタイプとする。

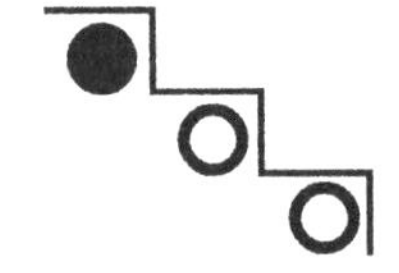

2はダブル、ペアであり、1対1、対等なのに対し、3は真ん中が両端を従えている。あるいは上が下二つを従えている。1、2、3はもっとも原始的な数である。人類が数をかぞえはじめた最初のころは「1、2、3（たくさん）」しかなかった。3は大きな数だったのであり、偉大なものを意

味し、それは神聖な数だったのだ（キリスト教の「父なる神、子なるイエス、精霊」の三位一体を思い浮かべてみよう）。

2は「大きい－小さい」あるいは「あっち－こっち」など、二つの相対する関係でしかないが、3になると三つの組み合わせができる。じゃんけんには「グーはチョキに勝つ」「チョキはパーに勝つ」「パーはグーに勝つ」の三つのパターンがある。また、人の集まりをグループと呼ぶとき、それは普通3人以上である。3には複雑さがあるのだ。

長い人類史の中で、数が1と2しかなかったころから3までになるには、おそらくとてもとても長い時間がかかったと想像される。3をかぞえることは文化のはじまりだったのかもしれない。そうした過程で、メロディーも2音から3音へと進化した。

3音メロディーのAタイプとBタイプが混じると4音のメロディーになる。

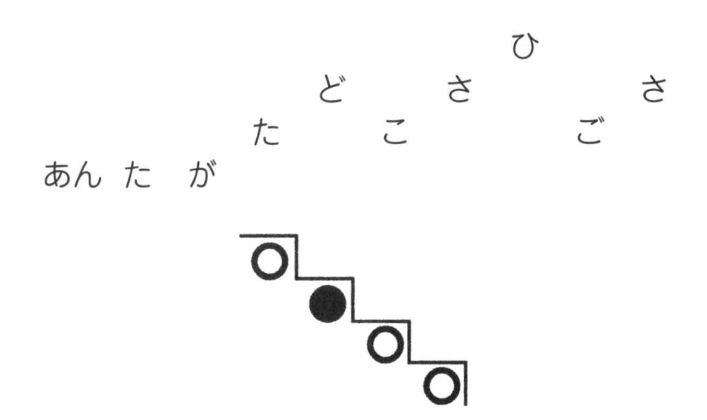

ここでは「あんたがたどこさ」のところはBタイプの3音階で、「ひごさ」のところはAタイプの3音階になっていて、それがつながって、全体では4音階になっている。4音のメロディーは3音のメロディーよりさらに複雑になっているのだ。よりメロディーらしくなってきたともいえる。それは4になると、音の組み合わせパターンが格段に増えるからだ。

音が一つ増えただけで広がる組み合わせ

3音階と4音階で、フレーズの断片（「動機」あるいは「モチーフ」という）の組み合わせパターンがどれだけあるかを比較してみよう。いま、ファ－ソ－ラの3音を使って《ファ－○－○－ソ》の動機をつくる組み合わせと、レ－ファ－ソ－ラの4音を使って《レ－○－○－ソ》の動機をつくる組み合わせがどれだけあるか考えてみよう。ここではリズムは無視して音の高さだけで考える。

メロディーがたった4音進むだけで（ここでは出だしと

〈3音階の場合〉

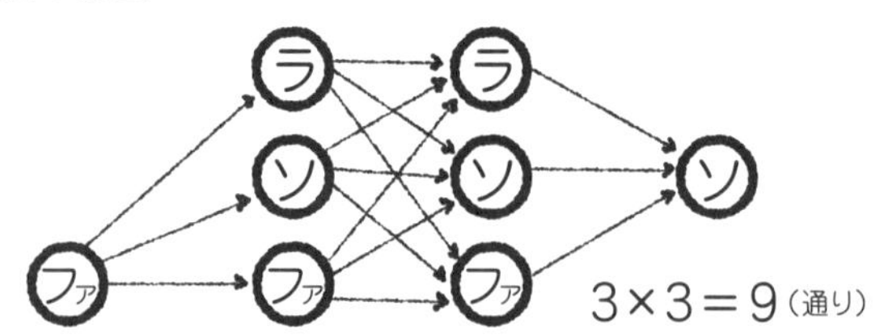

〈4音階の場合〉

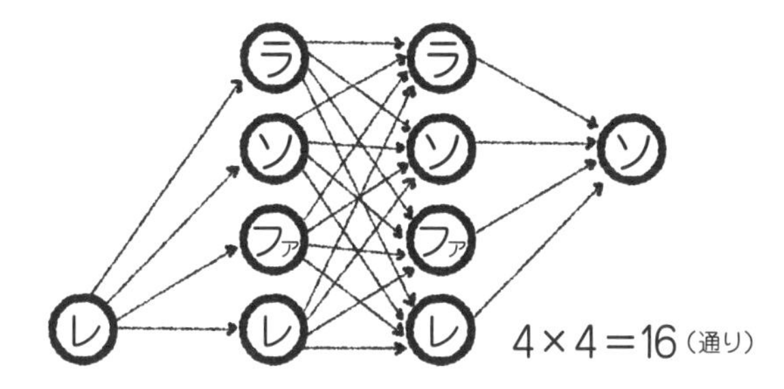

終わりの音を固定している)、これだけ音の組み合わせの可能性に違いが出てくる。これが5音進めば、3音階のときは3×3×3 ＝ 27（3の3乗)、4音階のときは4×4×4 ＝ 64（4の3乗）と差が大きくなる。4音階になると、いかにさまざまなメロディーができる可能性が増えるか、おわかりいただけると思う。

4音階までのメロディーは、2音階から自然に発展してきたのだろう。だが、4音までの音の階段は、その何段かだけの途切れた階段でしかない。

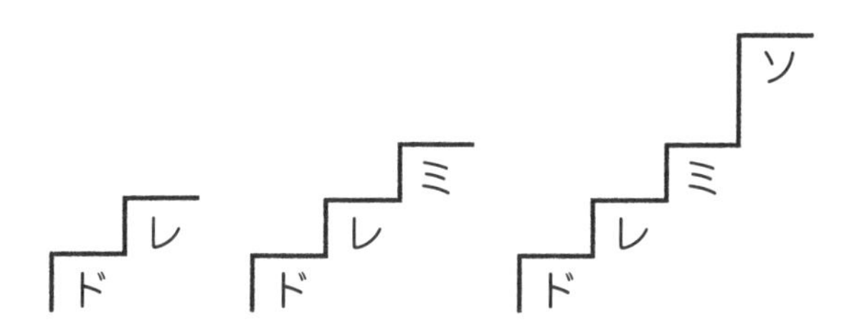

ここではわかりやすさのため、ドレミソの音名を入れたが、
この階段に入る音は他の音でもかまわない。

これまで、4音の階段という意味で“4音階”と呼んできたが、本当は4音まででは音階としては不十分なのである。というのは、4音階では、たとえば「ド、レ、ミ、ソ、ド、レ、ミ、ソ……」といった具合にオクターブを超えてつなげても、ソとドの間が離れすぎていて、つながっている音階とは感じられない。音楽用語として「音階」という場合は、オクターブを超えてつながっていくものであり、それには音階に5音ある5音階以上である必要があるのだ。

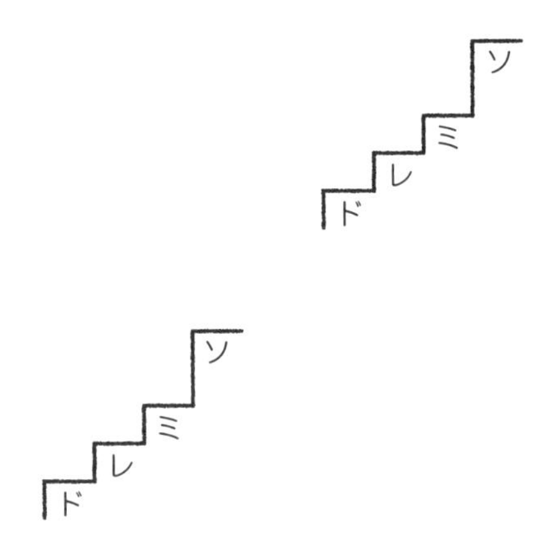

これがドレミソラになると、「ド、レ、ミ、ソ、ラ、ド、レ、ミ、ソ、ラ、ド」と繰り返しつながっていく音階となる。

5音階は本格的な音階のはじまりであり、世界中の民族でもっとも多く使われている音階でもある。五つの音にどの音を当てはめるかによって、世界にはさまざまな5音階

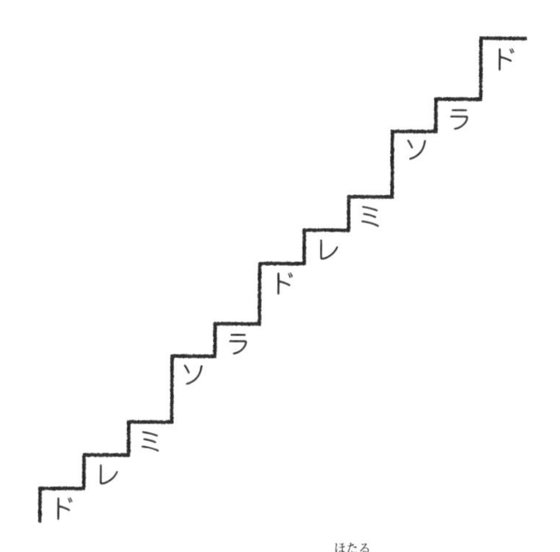

がある。下の図のメロディーは「蛍(ほたる)の光」の出だし部分である。この曲はもともとスコットランド民謡の「オールド・ラング・サインAuld Lang Syne」(英語だとOld long sinceで、訳は「久しき昔」)であるが、いまでは日本の古い曲のように、私たちになじみの曲となっている。それは、ここで使われている5音階が日本にもあるものなので、日本人にとっても歌いやすかったからだろう。

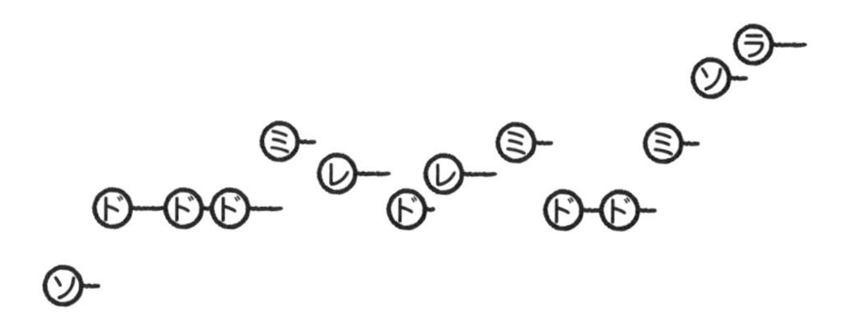

4 音階は音の高さをかぞえている

音の階段のつくり方

少々先を急ぎすぎて音階（音の階段）についての話を進めてしまったが、そもそも音とは何なのか。ほんらい音階のような階段があるわけではない音の物理的な性質について、ここでちょっとだけおさらいをしておこう。

音とは物が細かくふるえるときに生まれる波である。物の振動は空気に伝わり、人はその空気の波を耳で聞く。1秒間におおよそ20～20,000回振動するとき、耳の鼓膜に伝わり音として感じる。低い音は20Hz（ヘルツ／1秒間の振動回数の単位）、高い音は20,000Hzまで聞こえるといわれるが、実際には歳とともに高音は聞こえなくなっていき、高齢になるとほとんど10,000Hzまでしか聞こえなくなる。しかしそれでも、人間は生まれてから死ぬまで、ずっと音を聞き続けている（聴覚障害がない限り）。

この世はじつにさまざまな音に満ちている。それは、さまざまな物がふるえているということなのだ。物をたたけばカンとかコンなどと短い音が鳴る。それは物が一瞬だけふるえたということである。ゴーとかザーなどと鳴り続けている音は、物がずっとふるえ続けているところから出ている。

自然界の音は一つの振動だけでなく、ものすごくたくさんの振動が組み合わさって音となっていることが多い。だからほとんどの場合、はっきりとした一つの音の高さはわかりづらい。メロディーを鳴らすことのできる楽器（弦楽器、管楽器、木琴などの打楽器）は、一つの振動数が強調されるようにつくられているので音の高さがはっきりとわかるのだ。

ギターの弦で考えてみよう。1本の弦が張られているとき、その弦が振動すると、その長さに対応した高さの音が鳴る。いまその長さを1とし、それをドとする。

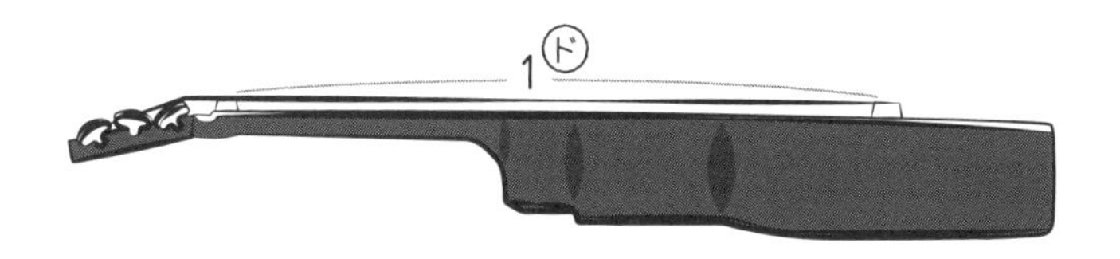

今度は弦の真ん中を指で押さえると、弦の長さは半分、音の高さは2倍となり、1オクターブ高いドが鳴る。

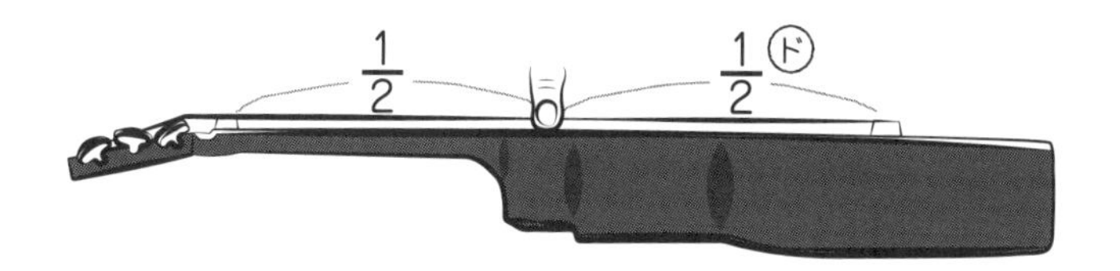

$\frac{1}{3}$のところを押さえ$\frac{2}{3}$の長さを弾くと、音の高さは$\frac{3}{2}$倍となり、ソの音が鳴る。

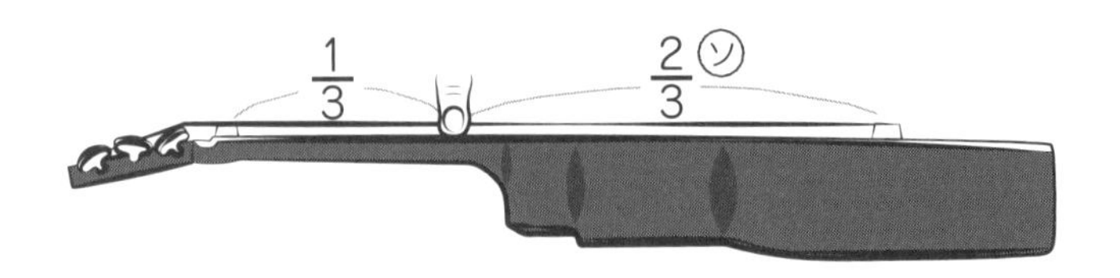

$\frac{1}{4}$のところを押さえ$\frac{3}{4}$の長さを弾くと、音の高さは$\frac{4}{3}$倍となりファの音が鳴る（弦の長さと音の高さの振動数は逆数の関係になる）。

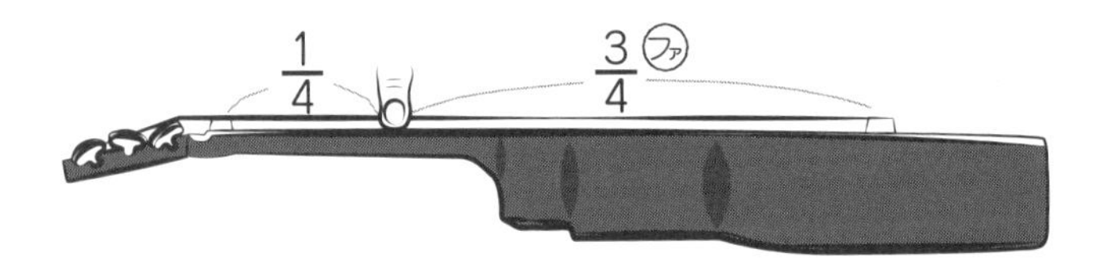

音の高さが2倍になるということは、弦の長さが半分になり、振動数が2倍になるということである。たとえば、ドの振動数を仮に500Hzとしよう。そうすると、その2倍の振動数は1,000Hzである。$\frac{3}{2}$倍は750Hz、$\frac{4}{3}$倍は666.66……Hzとなる。この関係にある二つの音はとてもよく協和する（濁（にご）りのないきれいな和音となる）。とくに、ドとドのときのように2倍になるともっとも完全に協和するので、その2音は同じ音として感じられるのだ。ド－ソ、

ド－ファの和音はそれに準じて協和する。協和度の高さは、$2 > \frac{3}{2} > \frac{4}{3}$の順になる。

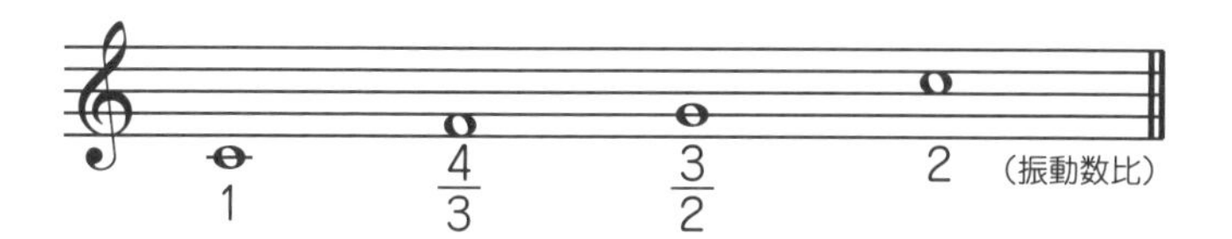

このド－ド、ド－ソ、ド－ファの関係は、音階と和音をつくる基礎となるのだ。

もう少しわかりやすい例を挙げてみよう。2人に声を出してもらおう。一人はまっすぐドの高さで「あー」と出し、もう一人は同じドから1オクターブ上のドまで「あー」と連続して声を上げていく。そうするとファとソと上のドの位置で二つの音の和音の濁りがなくなる。それはあたかもカメラのピントをマニュアルで合わせていくと、ある位置でピントが合うような感じだ。

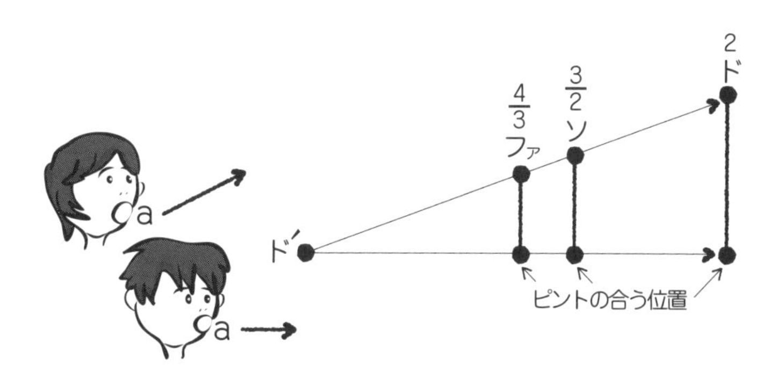

5音階から7音階へ

音階は音の高さに階段をつけ、1歩1歩上がり下がりできるようにしたものである。自然の坂に人工的に階段をつけるのに似ている。階段をつけることで楽に1段1段進み、止まって休むこともできるようになる。階段の数をかぞえることもできる。音の高さも、音階をつけることで数をかぞえられるようになり、いまどの高さにいるか、はっきりわかるようになる。

しかしド、ファ、ソ、ドだけでは、まだ音が飛びすぎて

日本の5音階。小泉文夫氏の分類による。

いて音階にはならない。そこで、このドとファ、ソとドの間に音を足してやると音階らしくなる。1音ずつ足すと、たとえばド－レ－ファ、ソ－ラ－ドのような音階ができる。これが5音階である（ドとドは同じ音なので数に含まず、構成音は5種類となる）。足す音はレとラだけとは限らない。違う音を足すことで、何種類もの5音階ができる。

この5音階のドとファ、ソとドの間に2音ずつ足すと7音階ができる。7音階は5音階より、さらになめらかな階段をつくることができるので、つくられるメロディーもより豊かなものとなる。7音階も、間に足す2音の位置によって何種類もの音階がある。このうち、長音階と短音階が西洋音楽でもっとも一般的な音階であり、今日私たちが耳にするほとんどの音楽で使われている。

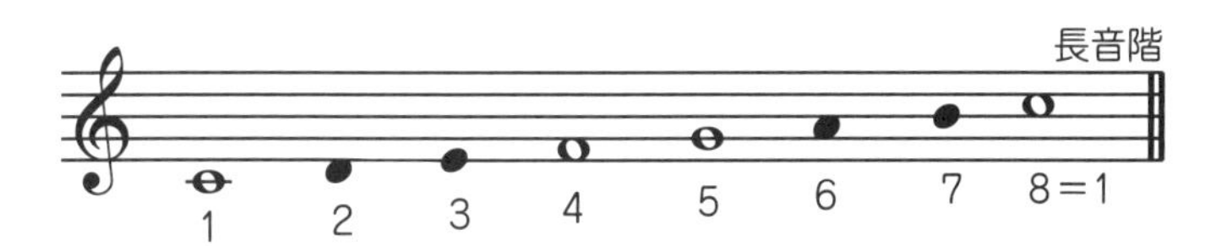

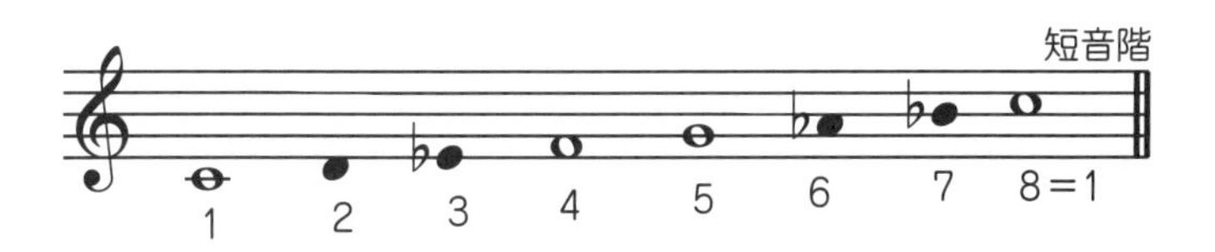

上記の譜例のように、7音階に番号をつけると、1、2、3、4、5、6、7、8=1となり、これがオクターブごとに繰り

返される。この数はドレミファソラシドにいい換えてもまったく同じ意味なのだ。学校の音楽の授業で知らない歌をはじめて歌うとき、ドレミで歌ったことがあると思うが、これはドレミで歌うと音を取りやすいからだ。つまりドレミは音階の各音に関連づけられた数字であり、ドレミを歌うということは無意識に数をかぞえ、それによって音階の音の高さを感じながら歌っているということなのだ。

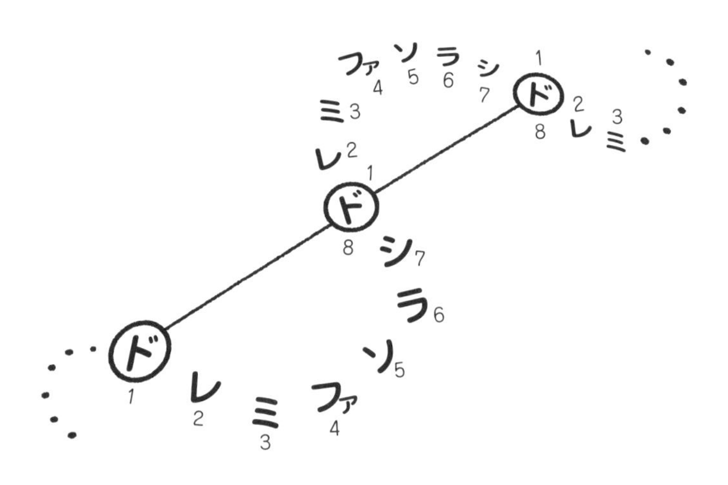

5　12は時間の数

ピアノの鍵盤(けんばん)を見てほしい。

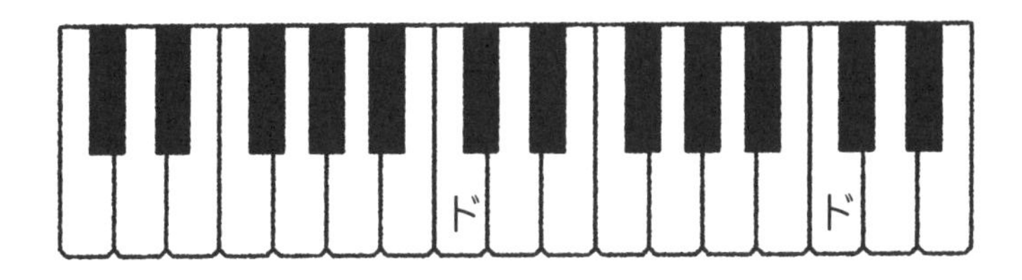

ドから1オクターブ上のドまでの間には、白鍵(はっけん)、黒鍵(こっけん)合わせて12の鍵盤がある。つまり1オクターブの中には音が12あるということ。5音階はこの中から五つの音を選び、7音階は七つの音を選んで音階をつくっている。では、なにゆえ12なのか？

12は時間と関連する数である。アナログ時計には5分ごとに大きい目盛りが12ふられている。5(分)×12=60(分)=1(時間) である。短い針は1回り12時間（昼と夜がそれぞれ12時間で1日24時間）となる。1年は12カ月。干支(えと)のひと巡りは12年。音楽も時間の表現であるので、1オクターブの中が12音であることは、とても自然なことであるように感じられる。

コラム

12という数と時間の関係

地球が太陽のまわりを1回りすると1年（地球の公転）。月が地球のまわりを1回りすると1カ月（月の公転）。地球が1回りすると1日（地球の自転）。1年の間に月は約12回地球のまわりを回る。しかし月の公転はおおよそ29.5日なので、12カ月で約354日となる。1年365日には11日足りない。そこでいま使われている太陽暦では、1カ月を30日（小の月）と31日（大の月）の交代とし、さらに2月を28日（うるう年は29日）にして調整している（7月、8月は大の月で、ここから交代が反転する）。

昼と夜をそれぞれ12時間としたのは、古代バビロニアの天文学者だったそうだ。1年が12カ月なら昼間も12に分ければいいと考えたらしい。また古代バビロニアの数は60進法だったので、約数の12が使われたともいわれている。その習慣は今日まで時間のかぞえ方の中に残り、そのため時間には60進法と12進法が混在している。

実際の時間は1秒、2秒、3秒……のようにデジタルに区切られて進んでいるのではない。1秒と2秒の間も止まることなく、スーッと連続的に進んでいる。時間は本来アナログで非常に感覚的なものなのだ。ただ、一人ひとりの感覚は違うので、社会生活をするには時計の時間を基準にしないとたいへん不便なことになってしまう。それでもアナログ時計は、数を計算するより針の位置で視覚的に時間の感覚を伝えてくれる。そのとき円を12分割しておくと、時間の経過や残り時間を把握しやすい。それは12が約数の多い数で、2、3、4、6、12で割ることができるからだ。

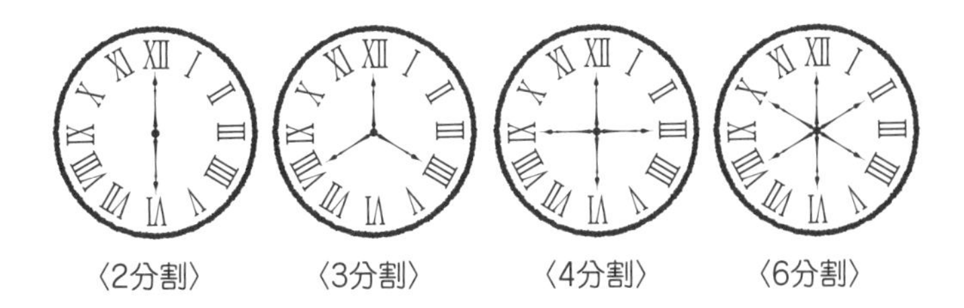

古代バビロニアの人たちは、12と60と360が深い関係にあることを知っていた。天の黄道（地球から見た天空を通る太陽の道）は12の天宮に分けられ、それぞれ星座が割り当てられている。それは古代ギリシャからヨーロッパへ伝えられ、占星術となり現代まで受け継がれている。

円は12に分けられる。これは月の形が先に述べたように約30日でもとの姿に戻り、それを12回繰り返すと360日で約１年になるところからきている。30×12＝360であり、１回りはもっと細かい360の単位にも分けることができる。だから角度は１周で360度なのだ。

古代バビロニアが60進法だったというのは、360を完全数の６で割ると60になること、また60は約数の多い使いやすい数だったことで選ばれたのだろう。

バビロニアの60進法は、59までは10進法だったという。まさしくこれは、時計の数の使い方だ。バビロニアの60進法は4000年の長い時を超え、現代まで受け継がれているのだ。

1オクターブがなぜ12の音に分けられるのか？　それは二つの音（オクターブ以外）がもっとも協和する振動数3：2の関係から導きだされる。たとえばある音をドとして、その$\frac{3}{2}$倍の音はソとなる。ソの$\frac{3}{2}$倍はレ。レの$\frac{3}{2}$倍はラ。このように$\frac{3}{2}$倍を12回繰り返すと、元の音のドに戻ってくる（そのままではとても高いオクターブのドになってしまうので、元の音と同じ音域に下げる）。ただし厳密には同じ音にならない。ほんのわずか高い音になってしまう。12回目にとても近い値になるということである。これは1年が月の公転12回と一致しないことにもよく似ている。

こうやって1オクターブを12に分ける方法は古代ギリシャのピタゴラスが発見したと言い伝えられているので、ピタゴラス音律と名付けられている（「音律」とは音階の各音を正確に定めること。詳しくはP.147）。

12を一つのまとまりと考えることには古代からの歴史的経緯があり（コラム参照）、1ダース=12など、10進法中心の現代にまで一部12進法が残っている。こうして考えてみると、1オクターブが12の音で成り立っているのもじつに興味深く思える。

また、1オクターブの中を細かく分けるとき、あまり細かくしすぎても一般の人には聴き分けることが難しくなる。12分割ぐらいがちょうどよいともいえる。

しかしこれも社会的な習慣であるので、民族によってはもっと細かい音の分割を聴き分ける人たちもいる。アラブやペルシャなどの人たちは24分割も聴き分けるというから驚きだ（半音の半分=4分音なども音楽の中で使う）。

12は不思議な数

1オクターブの中は12の音に分割されるが、実際の音楽の中で使われる音階はその中から五つ、ないし七つの音が選ばれる。この考え方は、古代ギリシャや古代インド、また古代中国でも共通している。12進法は古代バビロニアでも使われ、それは近代ヨーロッパでも部分的に使われていた。

12は不思議な数である。球のまわりには同じ大きさの球を12個接して並べることができる（キッシング・ナンバーという。12は3次元の場合。2次元（円）では6個、4次元では24個になる）。

自然数をすべて足すと無限大になるはずだが、リーマンゼータ関数 $\zeta(s)$ などを使う特別な計算方法では、$-\frac{1}{12}$ になることがあるという。20世紀初頭のインドの天才数学者ラマヌジャンも $-\frac{1}{12}$ になる証明を残したそうだ。これをラマヌジャン和という。

ギリシャ神話のオリンポスの12神や、仏教の12神将、古代中国の干支など、12は古代からの神聖な数でもある。

6 ドレミは七つの音

7も時間に関係する数

もう一度、ピアノの鍵盤を見てほしい。

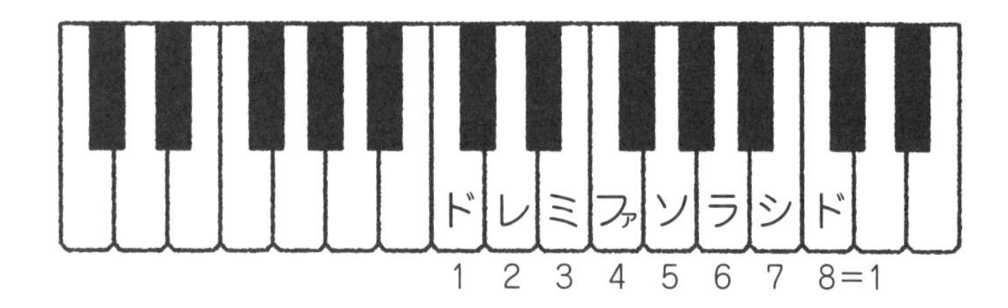

ドレミファソラシは、1オクターブの中の七つの音の高さをあらわしている。1オクターブの中の12音の中から7音が選ばれている。7といえば、1週間は7日。12がそうであったように、7も時間に関係する数なのだ。

7は古来不吉な数であり、また神聖な数でもあった。キリスト教には「七つの大罪、七つの美徳、神の七つの魂、聖母マリアの七つの喜び、マグダラのマリアが追い払った7匹の悪魔」という説があるという（トビアス・ダンツィク『数は科学の言葉』）。ほかにも、七つの海、ラッキーセブン、7人の小人など、なぜか7が冠される言葉は多いようだ。日本でも、仏教の法要に初七日、四十九日（7×7=49）

コラム

月の満ち欠けと音階

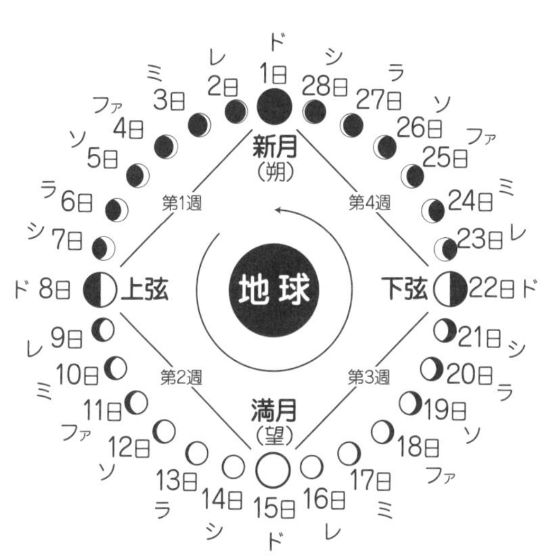

なぜ１週間は７日なのか？　太陰暦の旧暦では、新月から上弦、満月、下弦、そしてまた再び新月へと、約29.5日周期で繰り返される月の満ち欠けひと巡りを、そのまま１カ月という単位にしている（このひと巡りを「朔望(さくぼう)月」という）。新月 - 上弦 - 満月 - 下弦-新月の間は四つの期間に分けられ、それぞれが７日、つまりこれが１週間となる（しかし実際の周期は29.5日なので正確には合わない）。これをドレミに当てはめてみると、１朔望月は４オクターブになる。

がある。七福神、春の七草などというのもある。旧約聖書には「神は6日で世界を創(つく)り、7日目は休まれた」とあるが、ここに7の特別な意味が隠されている。それは6より一つ多い数ということである。

神さまは6日で完璧な仕事をなさった。だから6は完全な数。数学では6を完全数（P.22参照）と呼んでいる。6はもっとも小さな完全数で、次は28（28=1+2+4+7+14）だ。

正六角形を隙間なく敷き詰めた形＝ハニカム構造は外からの力にたいへん強い。だから蜂はその形で巣をつくる。6はたいへんバランスの良い完璧な数、神の数なのだ。優等生的な数ともいえる。

これに1を足すと7になる。すべての科目まんべんなくできる子より、ほかはたいしたことはないがある科目だけ突出している子のほうが個性豊かに見えるように、7はたいへん個性的な数なのである。

ちょっとしたデコボコが音階の個性をつくる

音階は階段であるので、なるべくデコボコの少ない均等な段々であったほうがいい。1オクターブの中の12音から音を選んで音階をつくるとすると、一番均等な階段がつくれるのは6音のときである。鍵盤のとなり同士の関係を半音、一つ飛ばした半音二つ分の関係を全音というが（白

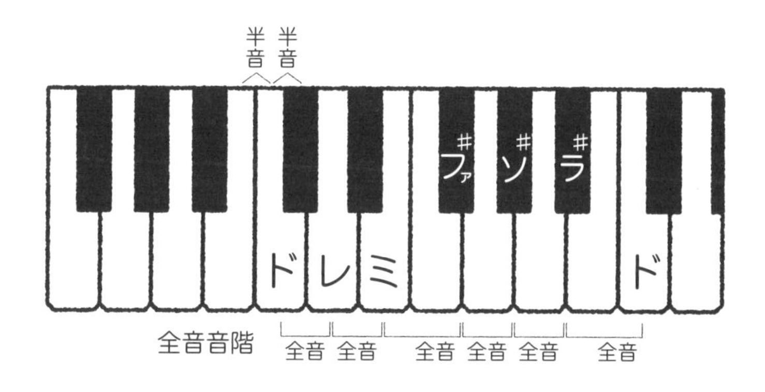

鍵、黒鍵含めて)、全音ばかりを6個並べると全音音階という音階になる。この階段は段差がまったく同じ幅なので、階段のどの位置から見上げても見下ろしても、まったく同じように見える。

ところがこの階段は、音階としてはちょっと使いにくい。なぜなら、まったくデコボコの差がないと、どこが音階のはじまりなのかわからないからである。音階は、少しだけ並び方に違いがあったほうがよいのだ。

普通のドレミの階段は次のイラストのようになっている。

階段のドの位置から上を見上げたとしよう。そうするとこの階段には、大きい段（全音）のところと、小さい段（半音）のところがあることがわかる。ドから上のドまで、全－全－半－全－全－全－半の並びになっている。今度はミのところから上を見上げよう。そうすると上のミまで、半－全－全－全－半－全－全の並びになっていることがわかるだろう。この7音音階では、ドレミのどの位置から見上げても並び方が違う。メロディーは、出発したところの

音階の景色と、途中の景色が違うから、最初のところへ戻ってこられるのだ。音階の並び方の不均衡さが、メロディーや和音に進む力を与えているともいえる（たとえば、シとドとの間が半音なのでシからドに向かう力が働くなど。この場合のシのことを「導音」と呼んだりもする）。

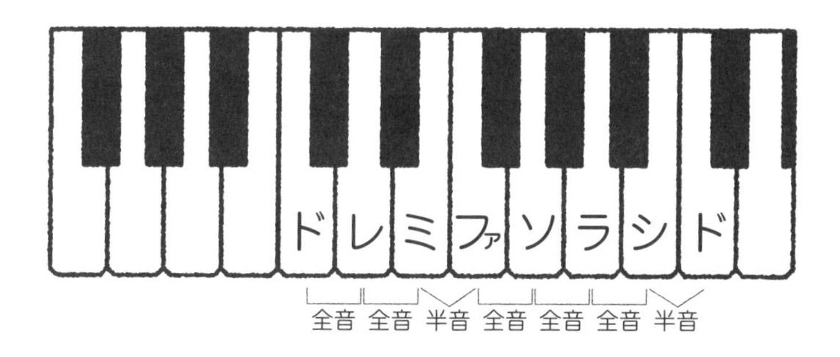

6と12は性格のよく似た兄弟のような数である。6は12の$\frac{1}{2}$であり、ともに2と3で割り切れる。それに対し7と12はたいへん性格が異なる。7は1と自分自身以外には割り切れる数を持たない素数である。12は1と自分自身以外でも2、3、4、6で割り切れる約数の多い数である。このような7と12の性格の違いが7音階の個性をつくっている。12までの数で素数は2、3、5、7、11である。このうち2と3は音階をつくるには数が少なすぎる。また11音階の曲も12音階の曲も、聴いただけではほとんど区別することができない。音階に適しているのは5音階と7音階なのである。

7　7音階は4と3からつくられている

4音階+4音階=7音階?

7音階は4と3からつくられている。4+3=7。以上！

しかし、それでは話が終わってしまう。じつは、ドレミファなどの7音階は4+3というより、4+4でできていると考えられる。4音階が二つつながって7音の音階ができているのである。ドレミファソラシドの長音階は、ドレミファの最初の4音階と、ソラシドの後ろの4音階に分けることができる。この二つの4音階は、はじまる音が違うだけで、中のしくみは《全音－全音－半音》という同じ形をしている。ファとソの間は二つをつなげる部分である。

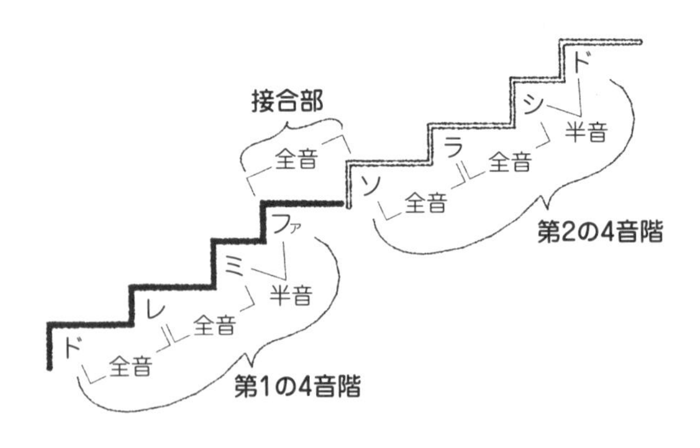

ドとドは同じ音なので音階の構成音は7音になる。つまり重複する1を引いて、4+4−1＝7　ということである。7音階は二つの4音階と、接合部の三つの部分からできている。また二つの4音階のはじまりと終わりの音、〈ドとファ〉と〈ソとド〉がこの7音階を支える重要な柱となっている。つまり、ド、ファ、ソの3音が7音の中の核となる音なのだ。この場合、ドを主音（トニック）、ソを属音（ドミナント）、ファを下属音（サブドミナント）と呼ぶ。

また、やはり7音階は4と3からつくられているともいえる。それは4音階のはじまりと終わりの音、ドとファ、あるいはソとドの音の高さの関係が4：3なのだ。弦の長さで考えてみよう。仮にギターの1本の開放弦をドとすると、その$\frac{3}{4}$の長さがファの音になる。また開放弦がソであれば、$\frac{3}{4}$はソより高いドになる。

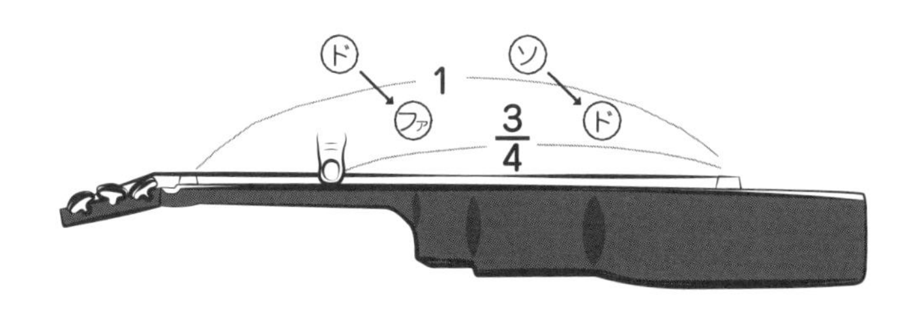

弦の長さの関係と振動数は逆数になるので、弦の長さが$\frac{3}{4}$になれば振動数は$\frac{4}{3}$になる。たとえば、ドの音が520Hzとすればファの音は、

$$520 \times \frac{4}{3} = 693.33\text{……(Hz)}$$

ソの音が780Hzとすればドの音は、

$$780 \times \frac{4}{3} = 1{,}040\text{ (Hz)}$$

となる。この高いドの1,040Hzは、低いドの520Hzのちょうど2倍になっていることがわかるだろう。

$$520 \times 2 = 1{,}040$$

7音階のキーナンバーは4

西洋音楽の7音階は古代ギリシャにはじまる。この7音は4音がもとになってつくられている。7音階のキーナンバーは4なのだ。

古代ギリシャには、この世のあらゆる物質は「火・空気・水・土」の四つの元素の組み合わせでできているという考え方があった。中でも、エンペドクレスとプラトンの説が有名だ。ほかにも「熱・冷・湿・乾」の四性質説、「血液・粘液・黄胆汁・黒胆汁」の四体液など、古代ギリシャ人は、4はものごとの組み合わせの基礎になる数だと考えたのである（P.18参照）。

この考え方はアラビアから中世ヨーロッパにも伝えられた。西洋のみならず東洋でも、たとえば中国の神話では、

東の青竜、南の朱雀、西の白虎、北の玄武の四神に宇宙は守られ、仏教の守り神も四天王である。

4は組み合わせられたものごとの根源となる数なのである。もっとも素朴な暮らしをしている民族の中には、4という数を持たない人たちがいるという。数が1、2、3（たくさん）で終わりなのだ。4をかぞえるということは、複雑さのはじまりだったのではないだろうか。

数は4になってはじめて割ることができるようになる（1と自分自身以外の数で）。つまり3は、3=3×1でしかないが、4＝2×2である。1、2、3、5、7、11、13……などの素数（ただし、1は素数には入れない）は一人だけの孤独な数であり、4、6、8、9、10、12……などの素数でない数（合成数という）は仲間が集まった数とたとえてもいいかもしれない。4はもっとも小さな合成数なのである。

4は中に複雑さを抱えているもっとも小さな数だといえる。

1オクターブを円であらわし、円周に12音の目盛りをふってみよう。ドレミファを直線でつないでできる四角形（Aとする）と、ソラシドでできる四角形（Bとする）は、まったく同じ形である。四角形Aを円周にそって、ドの位置がソになるまで回転させればAとBは完全に重なる。また、ド－ファ－ソがつくる三角形をCとすると、オクターブの円の中で、7音階は二つの4音階部分A、Bと、Cの三つの部分からできていることが視覚的にわかるだろう。

しかし音階はオクターブを超えて繰り返していくので、オクターブの円は1周で終わるのでなく、正確には螺旋（らせん）を描いてのぼっていく立体図にしなくてはならない。この螺旋円の中で、ドレミの位置は常に同じところに来るので、

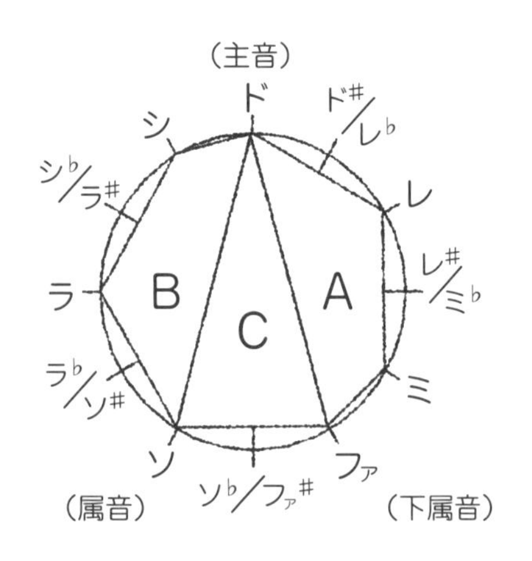

この図を真上から見れば平面のオクターブ円図になるのだ。理論上この螺旋は無限に続くのだが、人間の耳には9～10オクターブぐらいしか聞こえない。実際の楽器の音域はもっと狭く、ピアノの場合88鍵であれば7オクターブと少しになる。

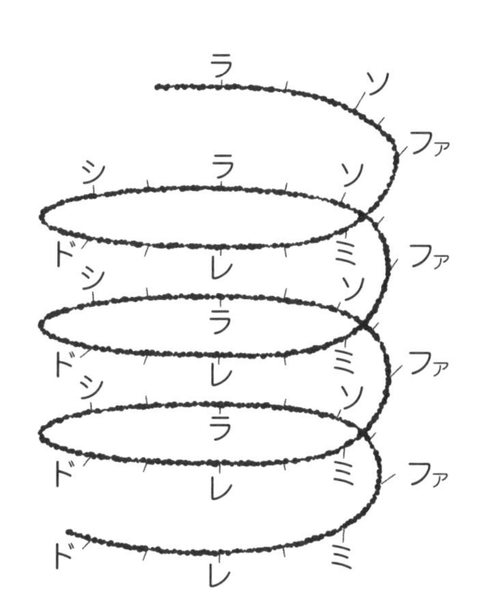

8　いろいろな音階

ドレミ……だけが7音階ではない

音の階段は1オクターブの中に12段ある。もちろん、人が音を取りやすいように1オクターブを分割するとき、必ずしも12に分けなければならないということはない。だが、西洋や中国など多くの文明圏では12分割が一般的である。中東やインドなどでは24分割など、もっと細かい段に分けることもある。

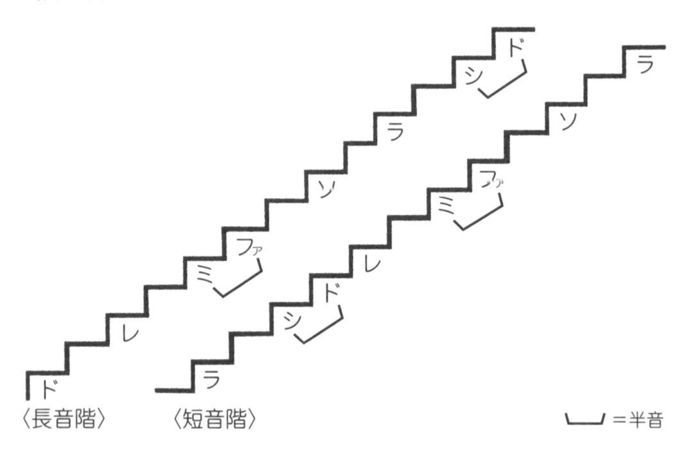

ところが、普通音階というとき、12段を全部使うわけではない。つまり音楽の音階は、階段そのものというより、

飛び段をする階段ののぼり方といってよいだろう。

もっとも一般的な長音階と短音階は2段飛びと順段飛びの混ざったものだ。これをオクターブの円であらわすと、長音階も短音階も同じ7角形で、はじまりの音（主音）が違うだけとなる。この内側の7角形は回転することもできるので、長音階も短音階も、1オクターブの中の12音のどの音からでもはじめることができる。

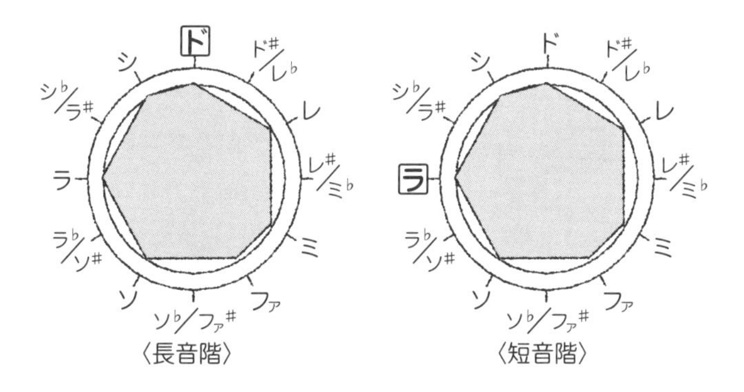

では、この7角形がドとラだけでなく他の音からはじまったっていいじゃないか、と思うだろう。その通り！　レ、ミ、ファ、ソ、シからはじめる音階もあり、それぞれ名前がついている。この7種類の音階は同じ構成音で、はじまりの音が違うだけである（次ページ）。

ドからはじまるものはイオニア音階、ラからはじまるものはエオリア音階ともいう。この七つの音階は同じ仲間なのだ。

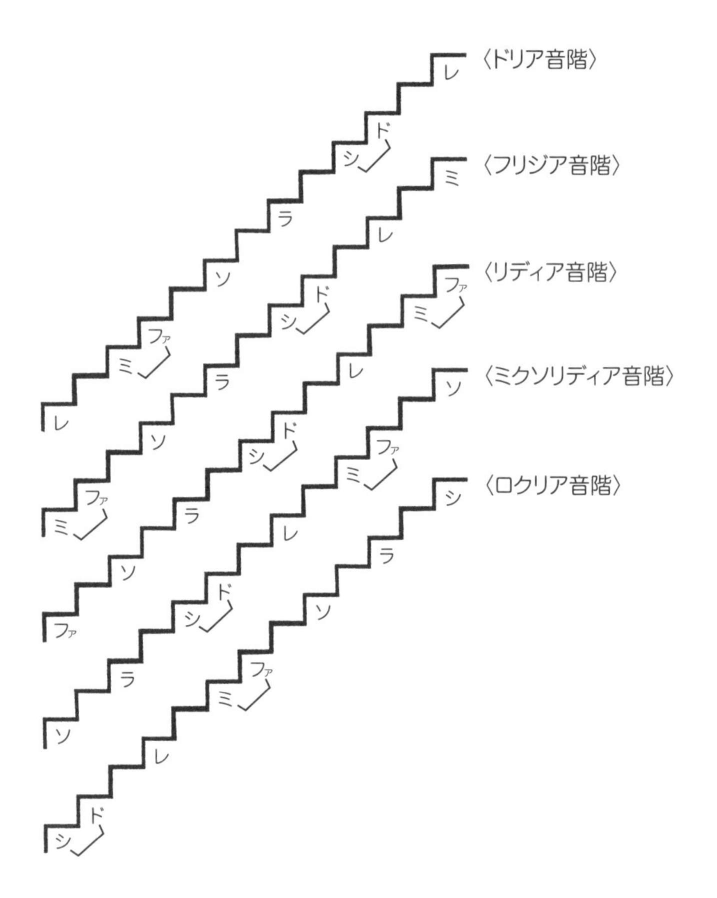

これらの音階は一般的にドリア旋法など「旋法」と呼ばれることが多いが、ここでは大雑把に音階も旋法も同じだと考えていい。これは古代ギリシャから中世ヨーロッパに伝わった旋法を20世紀に復活させたものである（ただし古代ギリシャと中世の旋法では音が違う。またロクリアは20世紀に付け加えられた新しい音階である）。

世界各地の音階

世界にはいろいろな音階があるが、一番多いのは5音階(ペンタトニック)であることはすでに述べた。5音階の中でもとくに〈ド－レ－ミ－ソ－ラ〉の音階はいろいろな地域や国にある。中国の5音階の基本形である宮調(きゅうちょう)もこの形である。これが雅楽とともに日本に伝わり、雅楽の呂旋法(りょせんぽう)となった。また明治以降は通称“ヨナヌキ音階”とも呼ばれ、唱歌や童謡などに多く使われた。スコットランドにも同じ音階があり、「蛍の光」(P.97参照)などの曲は唱歌として日本でも親しまれている。

ヨナヌキ音階は現代でも演歌や民謡調の曲などに使われている。「ヨナヌキ」とは「四七抜き」と書き、長音階の4(ファ)と7(シ)を抜いた音階ということである。西洋にも古くから民衆の間にはあった音階であるが、現代でもメジャー・ペンタトニック・スケールとして使われることがある。5音階は7音階より音が少ないぶん、より広い飛び段をしなければならない。3段飛び、あるいは4段飛びをする場合もある。

〈ド－レ－ミ－ソ－ラ〉音階は5を5回重ねるとできる5音階だ。「ド－レ－ミ－ファ－ソ」をかぞえて「1－2－3－4－5」とするとソが5になる。次にソを1として「ソ－ラ－シ－ド－レ」とかぞえるとレが5となる。同様にレか

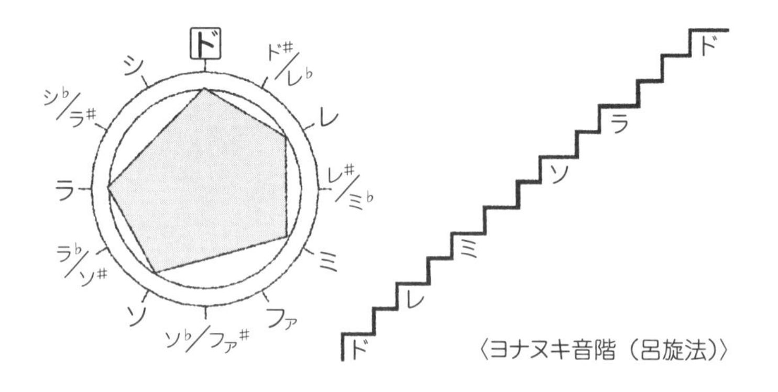

〈ヨナヌキ音階（呂旋法）〉

ら5かぞえるとラが5になり、ラから5かぞえるとミとなり、〈ド－ソ－レ－ラ－ミ〉となる。それを並べ直すと〈ド－レ－ミ－ソ－ラ〉ができる。これをもう2回繰り返すと〈ド－ソ－レ－ラ－ミ－シ－ファ#〉となり7音階ができるが、このような音階音の決め方はピタゴラス音律とも呼ばれる（詳しくは第3章）。

日本の民謡には〈ラ－ド－レ－ミ－ソ〉の形の5音階が

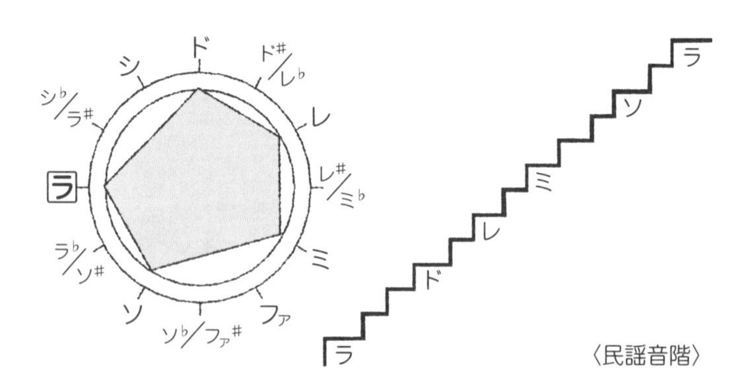

〈民謡音階〉

多く、民謡音階とも呼ばれる。これはモンゴル民謡などとも同じである。これも世界のいろいろなところにある音階であり、西洋ではマイナー・ペンタトニック・スケールとしてロックやジャズなどでも使われる。

日本の雅楽では呂旋法はあまり使われず、律旋法（りつせんぽう）と呼ばれる〈ソ－ラ－ド－レ－ミ〉の形の曲がほとんどである。これは民謡などにも見られる。

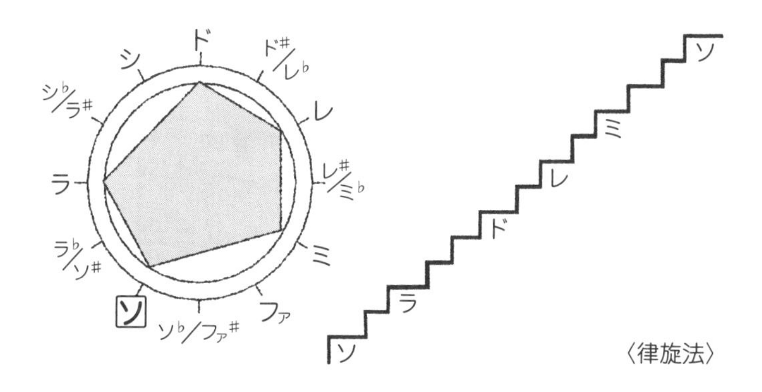

〈律旋法〉

ヨナヌキ音階、民謡音階、律旋法をオクターブの円で見てみると同じ五角形であることがわかる。これらは、はじまりの音が違うだけの同じ仲間である。

また、江戸時代の都市部では〈ミ－ファ－ラ－シ－ド〉の5音階の曲がはやり、この音階を今日では都節（みやこぶし）音階と呼んでいる。ほかに、沖縄民謡では〈ド－ミ－ファ－ソ－シ〉の琉球音階がよく使われる。

日本の外に目を向けると、世界には5音階以外にもさまざまな特徴的な音階がある。それらには民族音階に由来するものと、近代以降に新しくつくられたものがある。

民族音階由来のものでは、代表的なものにハンガリー短音階、ジプシー音階、ペルシャ音階、ブルース音階などがある。人工音階では、19世紀につくられ、ヴェルディが使ったことで知られている「なぞ的音階」がある。ほかに、7音階よりも1音多い8音で構成される「8音スパニッシュ音階」、「ディミニッシュト・スケール」などといった8

まだある7の不思議

みなさんが学校で最初に習う音階＝７音階（詳しくはP.116参照）の音の並びを見ると、おもしろいことに気がつく。それは暦の月の並び方である。１年12カ月の内には、１カ月が31日ある「大の月」と、30日の「小の月」（２月だけは28日または29日）があるが、ピアノの鍵盤上にファを１月として12音に12カ月を当てはめてみると、白鍵が大の月、黒鍵が小の月になる。

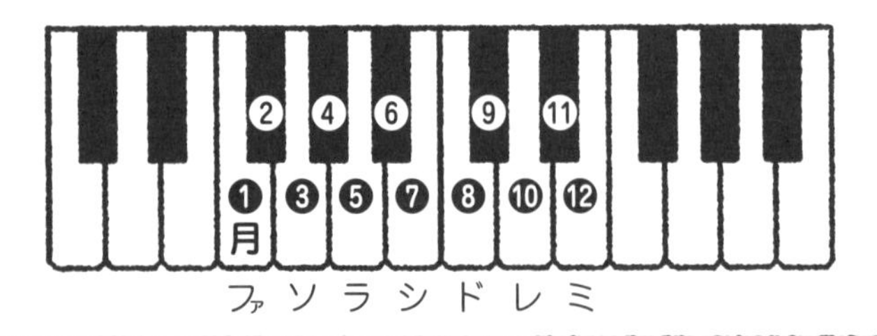

音階もある。

　一方、オクターブを12分割する以外の音階では、ミとミ♭、シとシ♭の間の音が使われているアラブの「ラスト・マカーム」（アラビア語では音階のことをマカームという）、1オクターブをほぼ均等に7分割しているタイの「7等分平均律」などが知られている。

　ファからはじまる音階は、後に説明する「ピタゴラス音律」（P.150参照）でつくる7音階のもっとも基礎的なものである。

　西洋の歴史上、7音階は古代ギリシャからあるが、大の月、小の月の並び方はローマ帝国初代皇帝アウグストゥスの時代からだといわれている。それ以前のユリウス暦（ユリウス・カエサルによって制定された暦）では、大小の月は交代に並んでおり、7月はカエサルの名にちなんでJulius（July）と呼んでいた。カエサルの後継者アウグストゥスはユリウス暦を受け継いだが、8月を自分の名Augustus（August）に変え、小の月を大の月に変更させたという。

　これは信憑性に疑問のある俗説らしいが、現代に続くまでの長い間この習慣が残ったということは、何か必然性があったのだろう。それはもしかすると、7音階の並びとの関係だったのかもしれない。

第3章

ピッチと音律

I　コンピュータよりすごい聞き分け能力

宮沢賢治の『セロ弾きのゴーシュ』にこんな場面がある。

「セロっ。糸が合わない。困るなあ。ぼくはきみにドレミファを教えてまでいるひまはないんだがなあ。」

指揮者の金星音楽団の団長が、練習中ゴーシュを叱咤（しった）している。「糸が合わない」は、弦のチューニング（音合わせ）が合っていないということで、「ドレミファを……」はドレミ（音階）の音から外れているということだろう。

音の高さを音楽用語では「ピッチ」というが、ではピッチが合っていないとはどういうことだろうか？　金星音楽団の団長は現代だったらこういうだろう。「チェロ。ピッチが合ってない！」

カラオケでもたまに、演奏の音とまるで合っていないのに平気で歌っている人がいる。本人は気づいていないのだが、聴いている人にはピッチが合っていないことがよくわかる。なんで聴いている人にはわかって、歌っている人にはわからないのだろうか？

ピッチが合っているとは、音の波の振動数がある基準に合っていると感じることである。二つの音が合っていれば、振動数は同じ、もしくは倍（または半分）になっている。つまり振動数の比が、1：1や1：2のような場合である。

2：3や3：4、4：5などのごく単純な整数の比になっているときも、合っているように感じる。音が「合っている」とか「合っていない」というのは感覚である。しかしその感覚は、脳が無意識のうちに非常に高度な計算をした結果なのだ。

運動の能力も同じだ。人型ロボットを2本足で歩かせるには、コンピュータでたいへん複雑な計算をしてコントロールする必要がある。しかも現在のところ、人間の能力にはるかに及ばない。脳はものすごく高度なコンピュータなのだ。ただし、その計算結果をデジタルで表示する能力はパソコンにかなわない。人間はそうとう訓練しないと複雑な計算はできない。それでもパソコンのほうがはるかに速く正確である。しかし脳コンピュータは、結果を数字で出力するのではなく、直接身体をアナログにコントロールするのである。この能力では脳のほうがはるかに優れているのだ。

　音楽を聴くとき、脳コンピュータはその音楽を成り立たせている法則を感じ取り、そこから外れている音を不快と感じる。ところが自分が歌う（あるいは演奏する）立場になったとき、脳コンピュータは音を出すため、身体のコントロールに能力の多くをもっていかれる。このコントロールがパニックを起こすと、もはやピッチなどお話の外になってしまうというわけだ。だから、演奏の能力を高めるということは、そのための身体コントロールをいかに意識せず自然にできるようにするかということなのだ。

2「チューニングが合う」とは?

音がとけあって聞こえる理由

さて、「音が合う」ということはどういうことなのか？楽器の音を基準となる音に合わせる「チューニング（調律)」を例にとって考えてみたい。

たとえばギターの第5弦のラ（A）の音（110Hz）を、ピアノの同じ音に合わせるとして、このときの音の波を考えてみよう。実際の楽器音の波はたいへん複雑な形をしているので、一番単純なサイン波（正弦波。後述する“倍音”のない「純音」の波形）にして比較してみる。

振動数が同じ二つの音であれば、同じ幅の波形になる

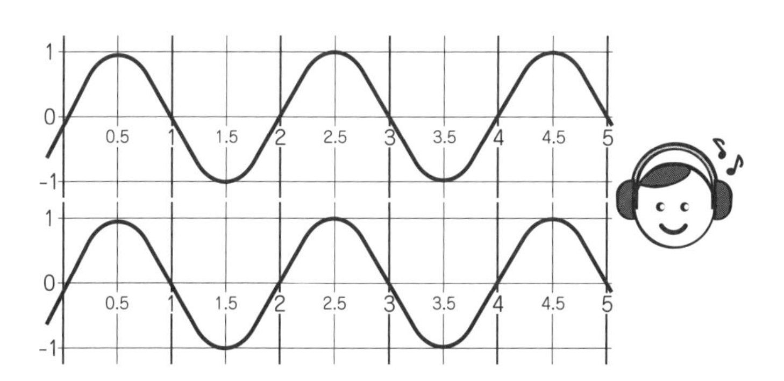

(山の高さの違いは音の強弱の違いになる)。二つの音の比は1:1である。同じピッチの音どうしの関係をユニゾンという。メロディーを本当にきれいなユニゾンで演奏すると、濁りのない1本のメロディーとして聞こえるようになる。

一方の音の振動数がもう一方の倍になるとき、一方の山と谷が一つ進むと、もう一方は山と谷が二つ進み、二つの波はきれいにはまり合う。この二つの音の比は1:2である。この音程関係をオクターブという。オクターブの音で演奏すると、厚みのある一つの音のように響く。1:2のときは1オクターブ、1:4のときは2オクターブ、1:8のときは3オクターブとなる。つまり1:2^n(2のn乗)のとき、nオクターブの関係になるということだ。

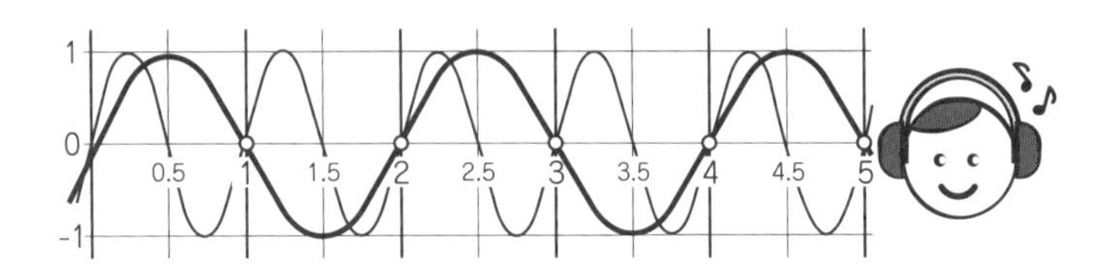

上のグラフでは、細い線が1オクターブ高い音の波である。ここでは横軸1、2、3……のところで二つの波は必ず一致している。二つの音が「協和」(とけあった心地よい響き)するということは、このように二つの波がきれいに重なるということなのだ。

ところが、少しチューニングがずれると、次ページの図のように二つの波が横軸上で一致しなくなる。これが音の濁り（不協和）を生む原因となる。

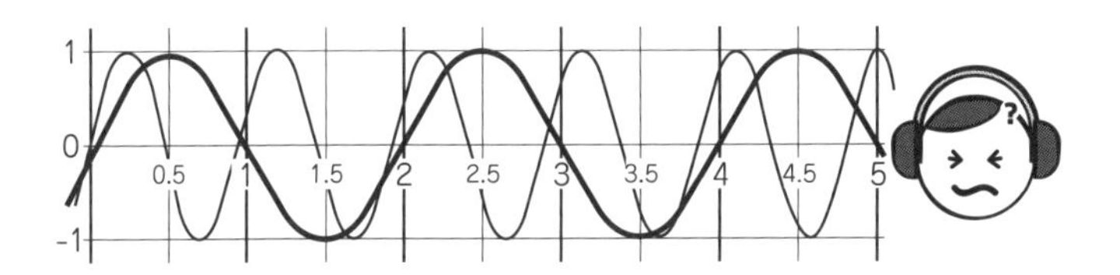

オクターブは振動数が2のn乗倍となる関係であるが、とてもよく協和するため、和音ではなく同じ音として感じられてしまうのだ。

和音がきれいに響く理由

和音として感じられる協和する2音関係はまず2：3の関係、つまり振動数が$\frac{3}{2}$倍である。$\frac{3}{2}$倍はド－ソのような5度の関係だ（「ド－レ－ミ－ファ－ソ」をかぞえると「1－2－3－4－5」となり「ド－ソ」は5度となる）。ギターの第5弦と第4弦で考えると、第5弦のラと第4弦の2フレットを押さえたミの音の関係になる（「ラ－シ－ド－レ－ミ」をかぞえると「1－2－3－4－5」で「ラ－ミ」は5度）。このラ－ミを同時に弾くと、チューニングが合っていればきれいに協和して響くはずだ。なんだか濁っている感じがするときはチューニングが合っていない、ということだ。

この5度の2音の波をグラフにすると次のようになる。

太い線の山と谷が二つ進むと細い線の山と谷は三つ進む。二つの波は横軸2、4、6……のところで一致している。やはり二つの波はきれいに重なるのだ。

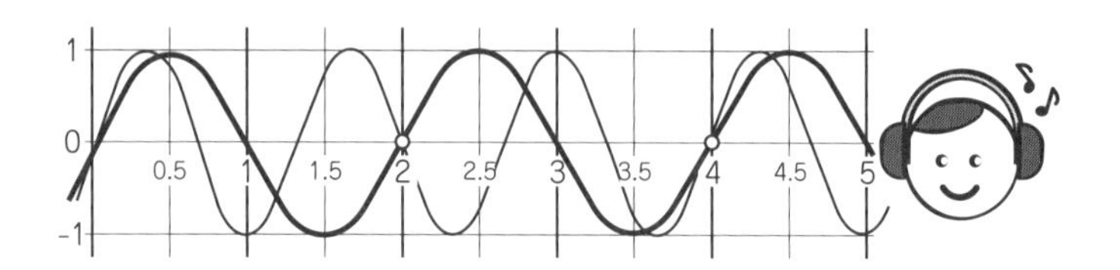

次に協和する2音はド－ファのような4度だ。これは3：4の関係、つまり振動数は$\frac{4}{3}$倍となる。ギターの開放弦は、第6弦と5弦のミ－ラ、5弦と4弦のラ－レ、4弦と3弦のレ－ソ、2弦と1弦のシ－ミが4度になっている。3弦と2弦のソ－シだけは3度になる（正確には長3度）。長3度は4：5の関係になる。それに対し5：6の関係を短3度という。

このように、きれいに協和する2音の関係は単純な数どうしの比であらわされる。ところが片方の音がほんの少しずれただけで、このきれいな和音はくずれてしまう。たとえば$\frac{3}{2}$倍が$\frac{3.1}{2}$倍、つまり$\frac{31}{20}$倍になっただけでも、人の耳は相当な濁りを感じる。耳はすごいセンサーであり、それを感じる脳はやはりものすごく高性能なコンピュータなのだ。

3 絶対音と相対音

だれでももっていた絶対音感

ひところ「絶対音感」という言葉が話題になった。音楽の早期教育に欠かせないものであり、4歳ぐらいまででないと身につかないともいわれている。絶対音感をもっている者は、聴くだけで音のピッチがわかるという。楽器の音はもちろん、やかんがシューシュー噴いている音だろうと、モーターがうなる音だろうと、たちどころにそれはミの音とか、シ♭より少し低い音だとかわかってしまう。

絶対音感はオーケストラの指揮者やヴァイオリニストなどには必要な能力といわれる。指揮者が耳だけで演奏家のピッチの悪さを正確に指摘することができるのは、「絶対音」という基準音を体内にもっているからだということである。これは一般にたいへん高度な能力だと思われている。ところが、絶対音的な感覚は、小さいころはだれもがもっているといわれている。よく「絶対音感を身につけるには4歳ぐらいまで」といわれるが、じつは4～5歳ぐらいで人間の聞く力は絶対音感から「相対音感」へと変わっていくからで、この時機を逃すと消えていってしまう能力だか

らだ。相対音感への変化は、成長における発達でもあるのだ。

赤ちゃんは、言葉はわからなくてもお母さんの声の微妙なピッチの変化を感じている。音域の違う声の人があやすと泣くこともある。

人間の子どもだけではない、ほとんどの動物は絶対音で音を感じている。鳥も虫もカエルも、種類によってだいたい同じ高さの声で鳴く。たとえば、ウグイスの「ホーッ、ホケキョ」は、どの鳥であっても、ホーッのところが2,000Hzぐらい、ホケキョの高い部分は4,000Hzぐらいだ。哺乳動物はもう少し多彩な声を出すことが多いが、一匹の個体は普段だいたい同じピッチで鳴く。ピッチを変えて鳴くときは何かしらの特別な意味があるときだろう。オクターブを同じ音と感じる能力も、赤ちゃんや他の動物にはあまりないと思われる。

幼児期を過ぎた人間は、音の高さを相対的な関係で理解するようになってくる。人間は高い声の人、低い声の人と、出す声の音域が人によって違う。男女の差も大きい。しかし、どんな音域だろうが、同じパターンの声のイントネーションは同じ意味をもつということを人間は理解する。

じつは相対音感のほうが高度?

認知考古学者のスティーヴン・ミズンは、人類にまだ言葉がなかったころ、人はスキャットのように多彩な声を出してコミュニケーションをしていたと考えている(『歌うネアンデルタール』)。この歌うような声から言葉と歌が生まれてきたというのだ。

人間はこのような能力を身につけていくなかで、絶対的なピッチの差ではなく、音域が違っても音と音との関係が同じなら同じ意味を持つということがわかるようになっていったと考えられる。だからこそ人は、同じメロディーであれば、どんな高さで歌おうとも同じ歌であることがわかるのだ。

カラオケ店に行くと、カラオケの音源が歌う人の音域に合わないとき、音域を変えるピッチチェンジャーがついていることが多い。このときピッチチェンジャーのダイヤルを回すと(プッシュ式かもしれないが)、半音ずつ曲の高さが変わっていくだろう。だが、どんな調になろうとも、だ

いたいの人は、たちどころにそれに合わせて歌うことができる。

これはじつはすごい能力なのだ。無意識のところで脳はすごい計算をして、あっという間に答えをノドに送っている。これは相対音感があるからこそできるのであって、まさに相対音感は高度な脳の産物なのだ。

4 調律と音律――音律は一つではない

ピッチを合わせるのが大事

もう一度、宮沢賢治の『セロ弾きのゴーシュ』を読んでみよう。金星音楽団の団長からさんざんののしられたゴーシュが夜、家で練習していると、いろいろな動物が訪ねてくる。三毛猫に続いてやってきたのはかっこう鳥だった。

「どうかもういっぺん弾いてください。あなたのはいいようだけれどもすこしちがうんです。」(中略)
ゴーシュはにが笑いしながら弾きはじめました。するとかっこうはまたまるで本気になって「かっこうかっこうかっこう」とからだをまげてじつに一生けん命叫びました。ゴーシュははじめはむしゃくしゃしていましたがいつまでもつづけて弾いているうちにふっと何だかこれは鳥の方がほんとうのドレミファにはまっているかなという気がしてきました。どうも弾けば弾くほどかっこうの方がいいような気がするのでした。

ここを読むと、かっこうのドレミとゴーシュのドレミは

微妙に違うことがわかる。しかも弾いているうちにゴーシュは、かっこうのドレミのほうが合っているように思えてくるというのだ（もっとも、かっこうの鳴き声はソ－ミだけのようだが）。

このように、同じドレミであっても微妙な音の取り方で、ニュアンスは変わってくる。ゴーシュは教えられたドレミを一生懸命正しいピッチで弾こうとするが、かっこうは何も考えず身体にしみついた感覚で歌う。どうも迷っているゴーシュより、自然体のかっこうのほうが説得力があるようだ。

細かいピッチを調整しようとするとき、脳はバックグラウンドで無意識に計算している。このときかっこうは本能で、音と音の関係ができるだけ単純な比になるような音を選んでいるのだろう。おそらくソ－ミの関係は6：5だと思われる。それに対しゴーシュは迷っているので、計算は混乱し答えもバラバラになってしまう。その結果、自信のない音しか出せないのだ。

楽器演奏に欠かせない調律

あなたがギターやヴァイオリンなどの弦楽器を弾こうとするとき、最初になにをするだろう？　そう、チューニングだ。日本語にすると調律、あるいは弦楽器の場合は調弦ともいう。

調律とは楽器の音を正しい高さに合わせること。ギターの場合は、6本の弦を押さえない状態＝開放弦でそれぞれ調弦する。第6弦が一番低く、第1弦が一番高い音だ。

ピアノの調律では88鍵のすべてを調弦しなくてはならない。それはたいへん高度な技術のため、ほとんどの場合プロの調律師によって行われる。

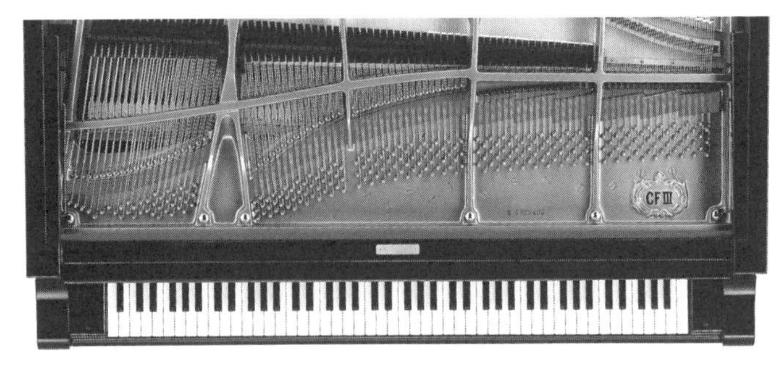

ピアノの鍵盤と弦のようす（写真協力：ヤマハ株式会社）

ギターの調律では、第5弦のラ（A）を110Hzに合わせることが基準となる。その第5弦を半分の長さ（12フレットを押さえる）にすると1オクターブ上のラの音が出る。これは2倍の220Hzである。さらに半分の$\frac{1}{4}$の長さにすると2オクターブ上のラになる。これは440Hzである。

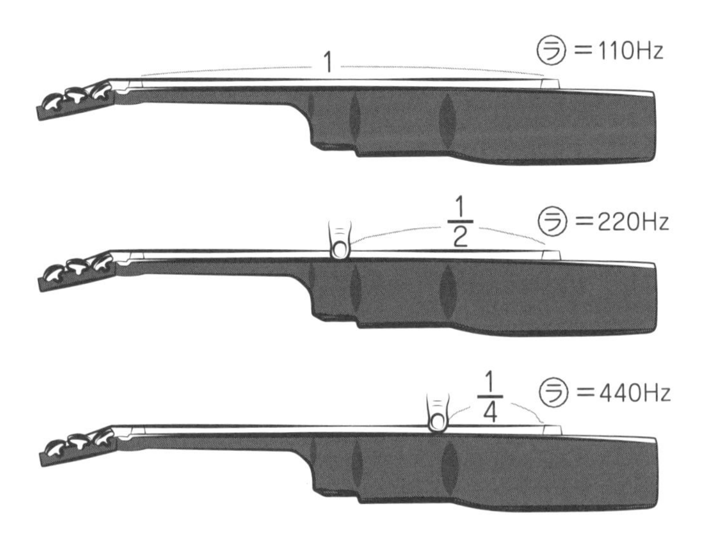

耳で感じる1オクターブは、高い音域でも低い音域でも同じ幅の1オクターブに聞こえるが、弦の長さでは半分、そのまた半分となり、高い音域になればなるほど短くなっていく。弦がふるえる回数（＝音の波の振動数）は逆に、弦の長さが$\frac{1}{2}$になると2倍、$\frac{1}{4}$だと4倍というように逆数の関係になる。

高くなればなるほど弦の長さは短くなるので、ギターのフレットの幅は高くなるほど狭くなっている。

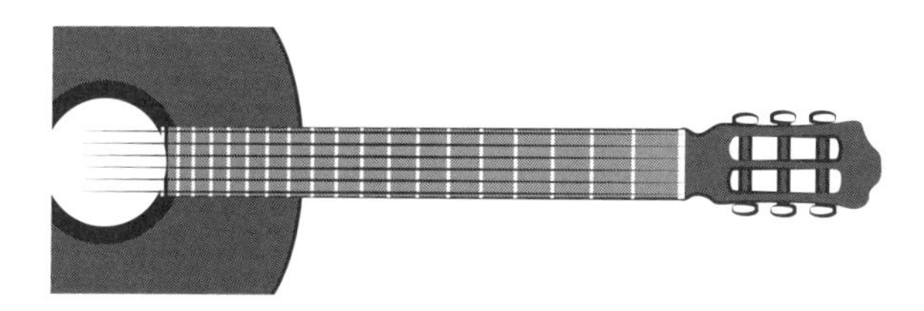

これは半音の幅も高さによって違うということだ。振動数でいえば、半音の幅は高い音になればなるほど大きくなっていく。

次ページのグラフでは、x軸が耳で感じるオクターブと半音の幅をあらわし、y軸がそれに対する実際の振動数をあらわしている。

音律は音階の音の高さを決める規則

このグラフでは、オクターブに対する振動数はわかりやすいが、音階や半音の振動数がどう変化しているかは大雑把にしかわからない。じつはそれを計算で導き出す方法は

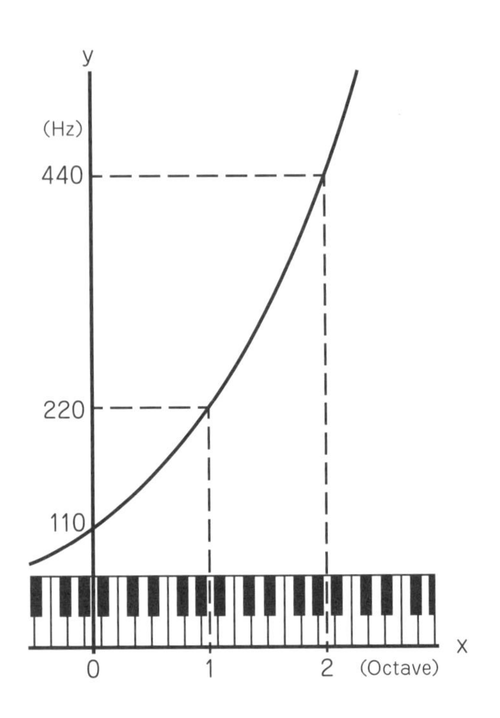

一つではない。音律とはその規則のことで、何種類もあるということなのだ。

調律：楽器のそれぞれの音を決められた音の高さに合わせること

音律：調律をするため、すべての音の高さを決める規則

現代では平均律（P.166参照）という音律がもっとも一般的になっているが、平均律は上のグラフを正確に計算し

て1オクターブの中を均等に12分割したものである。ところが均等といっても、だんだん間隔が広がっていく均等なので、これは足し算の均等（相加平均）ではなく掛け算の均等（相乗平均）になる。この計算には対数が必要なため、正確に計算できるようになったのは17世紀以降であり、さらに平均律として一般的に使われるようになったのは19～20世紀のことなのである。

平均律以前にはさまざまな音律があった。しかしそれぞれの音律にはそれぞれの欠点があった。では平均律が完璧かというと、じつはそれにも重大な欠点があるのだ。それは和音が本当の意味ではきれいでないということ。しかしそれを妥協してでも便利な面があるので、現代では平均律が主流になってしまった。だが、それでも音律の問題が解決したわけではない。

どのような音律で楽器を調律するかは、演奏しながら音の高さを変えることのできないピアノなどの楽器でとくに問題となる。ヴァイオリンなどのフレットのない弦楽器や人の声などでは、耳の良いすぐれた奏者や歌手は、演奏しながら微妙にピッチを変えることで音律の矛盾を避け、生きた音楽を奏でている。しかしピアノのような楽器では、どこかで妥協する塩梅（あんばい）が調律師の腕の見せどころとなる。

そして、このうまい妥協の塩梅こそ生きた音楽をつくる基礎となるのだ。

5 ピタゴラス音律

オクターブを12に分ける原点

ピタゴラス音律は人類史上もっとも古い音律である。古代ギリシャのピタゴラスが発見したという言い伝えにより、こう呼ばれている。しかし実際はもっと古く、古代エジプトや古代メソポタミア、あるいは古代インドにもあったのではないかと考えられている。古代中国にもまったく同じ音律があり「三分損益法」といわれている。「三分損益法」は雅楽とともに日本にも伝わり、日本の伝統音楽でも使われている。

ピタゴラス音律の伝説はおおよそこのようなものだ。

「ある日ピタゴラスが鍛冶屋(かじや)の前を通ったとき、鎚(つち)の音に協和する音があることに気づいた。調べてみると、それが職人の力の差ではなく鎚の重さの違いであることがわかった。そこから大きなものは低く、小さいものは高い音を出し、協和する比率は2：3：4であることを発見した」

それは弦の長さで考えると、2：4=1：2が1オクターブ、2：3が5度（ド－ソのような関係）、3：4が4度（ド－ファのような関係）となり、それがもっとも協和する音の

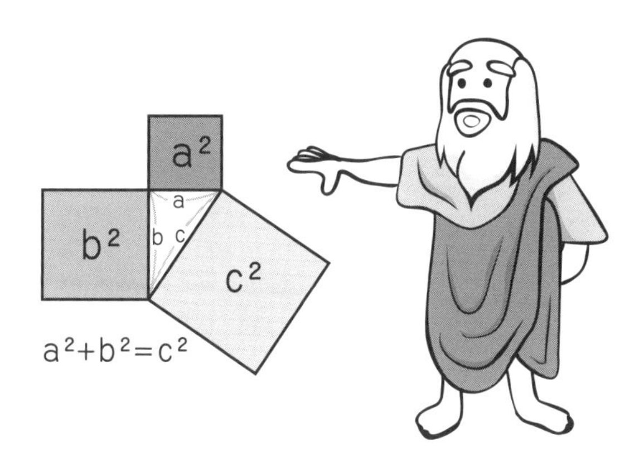

関係であったというものだ。

ピタゴラス音律は、平均律を計算できなかった古代の人たちが考えた、もっともなめらかな音階をつくる音律であった。1オクターブを12音に分割する根拠も、ここから来ている。

ピタゴラス音律のしくみ

ピタゴラス音律では、2と3と5がキーナンバーだ。それは音の高さの比（弦の長さ、あるいは振動数で）が2：3になる2音を積み重ねることでつくられているからであり、2：3は5度の音程関係であるからだ。5度とはド－レ－ミ－ファ－ソを1－2－3－4－5とかぞえるときのド－ソのような関係である。これは全音三つと半音一つの広さの音程となる（正確には完全5度という）。

この5度は、オクターブの関係に次いで二つの音がもっともよく協和する。1オクターブの関係は1：2で、この2音は同じ音として感じられてしまうため和音にならない。和音となるもっとも単純な関係が2：3の5度なのである。

ギターの第2弦を半音上げてドにチューニングしてみよう。このドを260Hzとする（ちょっと低めだが）。この弦の$\frac{1}{3}$のところ（7フレットのところ）を押さえて$\frac{2}{3}$の部分を鳴らすとソの音がする。この音は、$260 \times \frac{3}{2} = 390$（Hz）となる。

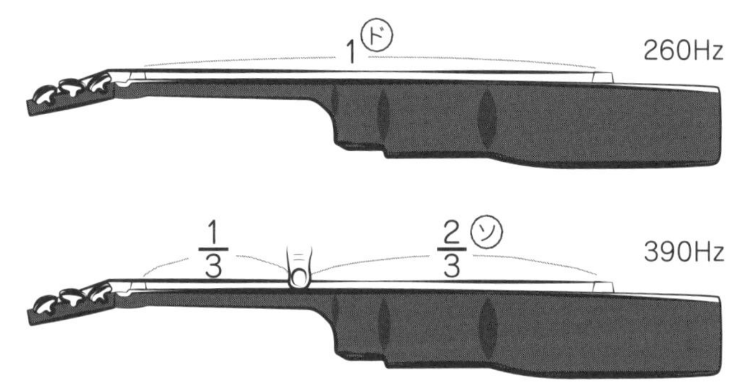

この$\frac{2}{3}$の長さのさらに$\frac{2}{3}$の長さはレで、$390 \times \frac{3}{2}$ $= 585$（Hz）である。

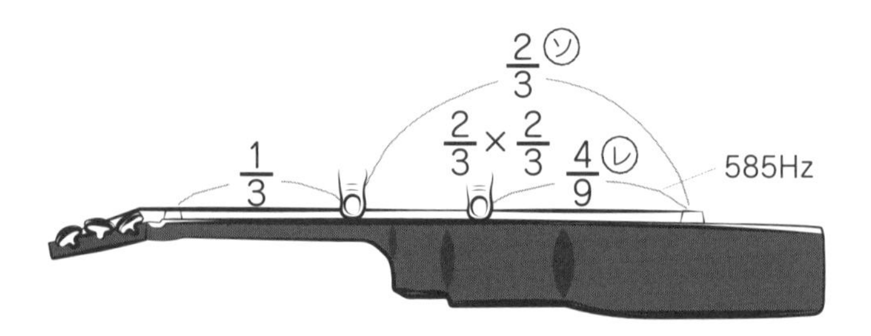

これを音符であらわすと5度上のさらに5度上となる。

このレは1オクターブ上になってしまうので1オクターブ下げ、そこから5度上の音を続けていくと、ド－ソ－レ－ラ－ミ－シの6音ができる。

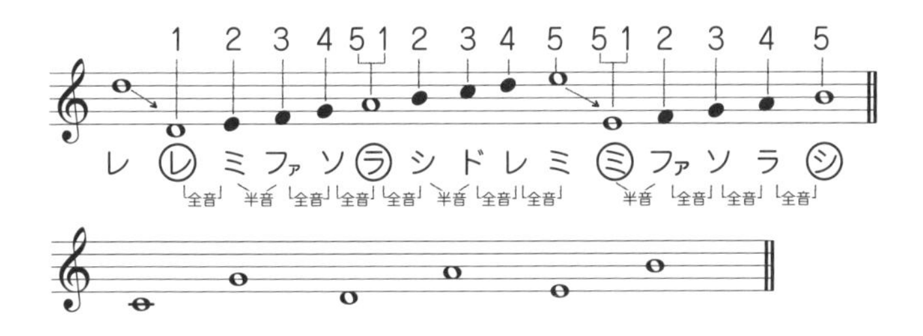

これを並べ直すとド－レ－ミ－ソ－ラ－シになる。

シの5度上（完全5度）はファ#となる。さらにそこから5度を続けていくと、

最初のドから5度を12回重ねると再びドにたどり着く。

これで1オクターブの中の12音をつくることができた。しかしこの方法で計算すると、たどり着いた1オクターブ上のドは約527.1Hzになってしまう。260Hzの1オクターブ上は2倍の520Hzにならなければならないが、少し高い音になってしまうのだ。

ピタゴラス音律では5度を12回重ねることで再び最初の音に戻ってくる（だが厳密にいえば、あくまで近似値であり最初の音に近い音でしかない)。しかし古代の人は、ある音に$\frac{3}{2}$を12回かけて7オクターブ下げると元の音に近い音に帰ってくることを知っていた。これはすごいことだ。計算すると、

$$\left(\frac{3}{2}\right)^{12}\times\left(\frac{1}{2}\right)^{7}=1.0136\ldots\ldots$$

となり、この約0.0136の差を「ピタゴラス・コンマ」という。

これを実際の音楽で使う7音階にするときは、最初のド－レ－ミ－ソ－ラ－シを生かし、上のドはちょうど2倍の520Hzを使い、ファはその5度下の、$520\times\frac{2}{3}=346.66\ldots\ldots$（Hz）を使う。

ピタゴラス音律は、平均律を計算することのできなかった時代に、自然な音の階段（音階）を得ることのできた音律であった。ピタゴラス・コンマという欠点はあったが、

人間が何千年もの間使ってきた音律なので、もっとも耳になじんでいる。メロディーが自然に感じられるのもそのせいだろう。また、3度がきれいに協和しないという欠点もあるが、それは和音を使わない音楽ではあまり問題にならなかった。

月の朔望（満ち欠け）が12回めぐると1年になることから、12は時間の数となった。音楽も時間の中でしか存在できない。ピタゴラス音律が最初のドから5度を重ねていき、元のド（近似的ではあるが）に戻るのも12回。12はまことに神秘的でミラクルな数なのだ。

6 倍音

倍音は音色を決める

自分の前と後ろに二つの鏡をおいて一方の鏡を見ると、同じ画像がだんだんと小さくなりながら無限に映っているように見える。

これは鏡のマジックで、目に見える現実の世界にはありえない。ところが耳に聞こえるほとんどの音は、耳には一つの音のように聞こえても、じつはこの無限鏡像のように

基本の音（基音）の上にだんだんと高く小さくなっていく音が無数に含まれているのだ。この基音の上に含まれる部分的な音を「倍音」という。一つの音はこのような「複合音」なのだ。倍音の含まれ方の違いで、その音の音色が決まる。ピッチのはっきりとした楽器などの音は、倍音が2倍2倍の規則順に含まれている。ノイズや打楽器の音などは倍音が不規則なので、ピッチがはっきりしないのだ。

ギターの弦を弾いて振動させたときを考えてみよう。このとき弦は、一つの単純な振動をしているだけではない。

第5弦の開放弦、ラ（A）の音を弾いたとしよう。弦全体がふるえるのが基本振動。これを基音という。この振動数は110Hz。

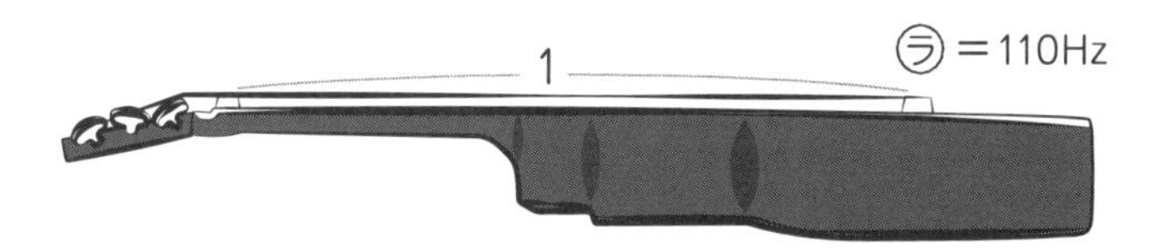

このとき、弦の半分の長さの振動も同時に起きている。これは220Hz、ちょうど基本振動の1オクターブ上のラの音になる。これを第2倍音と呼ぶ。

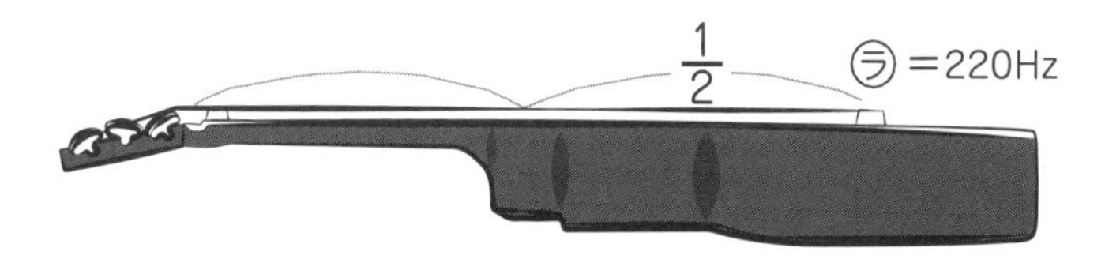

弦の$\frac{1}{3}$の長さの振動も同時に起きている。これは330Hz、ミの音、第3倍音である。

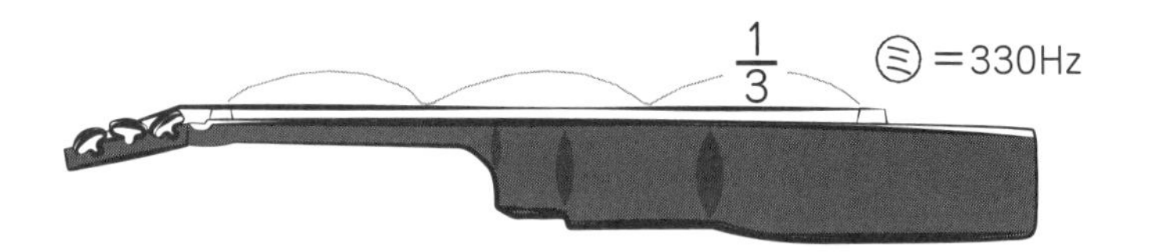

同じように、$\frac{1}{4}$－第4倍音（ラ［440Hz］）、$\frac{1}{5}$－第5倍音（ド♯［550Hz］）$\frac{1}{6}$－第6倍音（ミ［660Hz］）……と、弦を整数分割したたくさんの倍音が同時に鳴っているのだ。

ただし、倍音は高くなればなるほどとても小さい音量になっていくので、独立した音とは感じられない。あくまで一つの音の中に含まれている部分的な音でしかない。音色の違いとは、主に倍音の含まれ方の違いなのである。フルートとオーボエでは、同じ木管楽器でも音色が違う。この差は倍音によってつくられている。

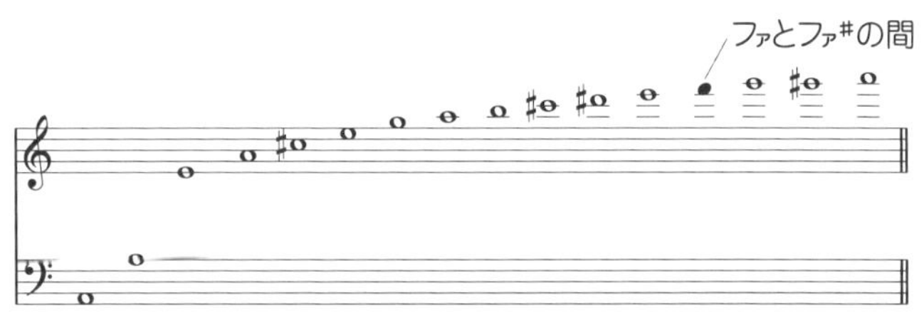

110Hzの基音から第16倍音までの振動数を前ページの図に示す（実際には17倍音以上も出ているが、音量は非常に小さい）。

倍音の振動数を見てみよう。この例では基音が110Hzで第2倍音が220Hz、その差は110Hzである。第3倍音－第2倍音も330－220＝110（Hz）であり、常にとなりあう倍音の差は110Hzになっている。これを並べると、110、220、330、440……このような前後の差が常に同じとなる数列を等差数列と呼ぶ。倍音列は等差数列である。この例の場合、第n倍音の振動数は、110nで求められる。

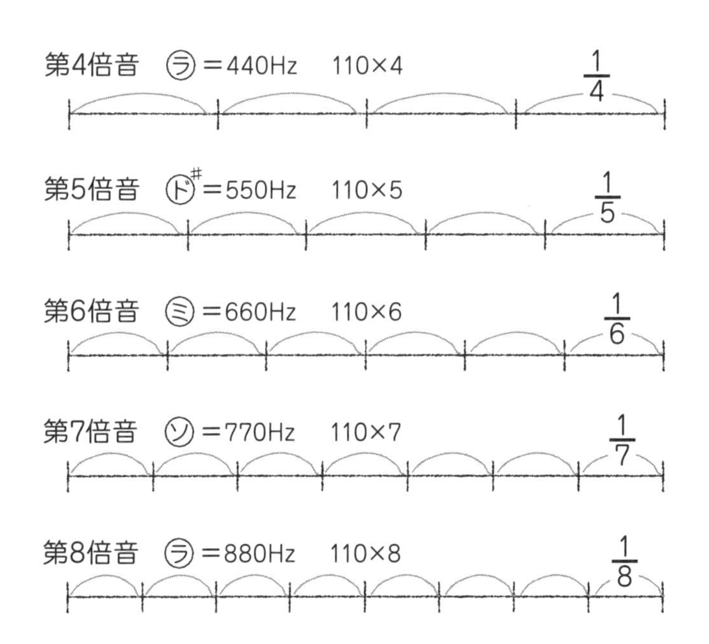

無限に続く倍音

第8倍音から上の倍音列は、〈ラ、シ、ド$^{\sharp}$、レ$^{\sharp}$、ミ、ファ、ソ、ソ$^{\sharp}$〉と、音階のような並びになっている。ただし通常の長音階〈ラ、シ、ド$^{\sharp}$、レ、ミ、ファ$^{\sharp}$、ソ$^{\sharp}$〉とはちょっと違っている。だが、ラ－ミは$\frac{1320}{880}=\frac{3}{2}$、ラ－ド$^{\sharp}$は$\frac{1100}{880}=\frac{5}{4}$、ラ－シは$\frac{990}{880}=\frac{9}{8}$と、たいへんキリのよい単純な整数の比になっている。つまりこれらの音はとてもよく共鳴する。ということは、倍音列の前半のほうは音階に使えるということだ。実際、バルブのなかった昔のトランペットやホルンではこの倍音を取り出して、限られた音階を吹いていた。モンゴルの「ホーミー」という特殊な歌唱法も、声の倍音成分だけを取り出して高い音を出している。

倍音は理論上無限にある。耳には単音に聞こえる一つの音には、倍音が無限鏡像のように含まれている。倍音は可聴範囲をはるかに超えて存在している。直接耳には聞こえない倍音も、音色には影響を与えている。だから、22,000Hz以上をカットしている現在のCDでは、本当に生きた音を再生することはできないのだ。

7 純正律

濁りのない響きを求めて

人間が美しいとか整っていると感じる形のバランスには2種類ある。一つは形を作っている数が1：1とか1：2、あるいは2：3など単純な整数の比になっている場合である。もう一つは西洋の美術でもっとも美しいといわれる黄金比のような、整数にならない数の比で、それが自然なバランスを感じさせる場合である。黄金比は約1：1.618となる。

このように、人間が美しいと思う形には、割り切れる比と割り切れない比をもつものがある。どちらがいいかというと、それは人にもよるし、時と場合にもよる。ともかく人間の美の感覚の中には、整数の美と無理数の美があるということなのだ（第1章も参照）。これを音階の比に当てはめてみると、整数の比は和音をきれいにし、無理数の比はメロディーを自然にするということができるだろう。

二つの音がもっとも濁りなく澄んだ（協和する）和音になる関係は2：3である（これは振動数でも弦の長さでも同じであるが、逆数になるので、弦の長さが2：3であれば振動数は3：2となる）。ピタゴラス音律は2：3によってつくられている。では次に協和する2音の3：4はというと、これもピタゴラス音律に含まれている。ド－ソの5度は2：3であるが、このドを1オクターブ上げたソ－ドの関係が3：4になるのだ。これは4度になる。つまり2：3の5度をひっくり返すと3：4の4度になると思ってもらっていい。

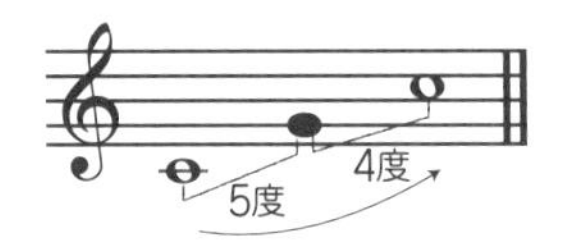

では、次に協和する和音4：5はというと、これはピタゴラス音律には含まれていない。4：5はド－ミのような音程関係で長3度と呼ばれる。

3度には広い3度＝長3度と狭い3度＝短3度がある。もっともよく協和する長3度の比は4：5、短3度は5：6となる。

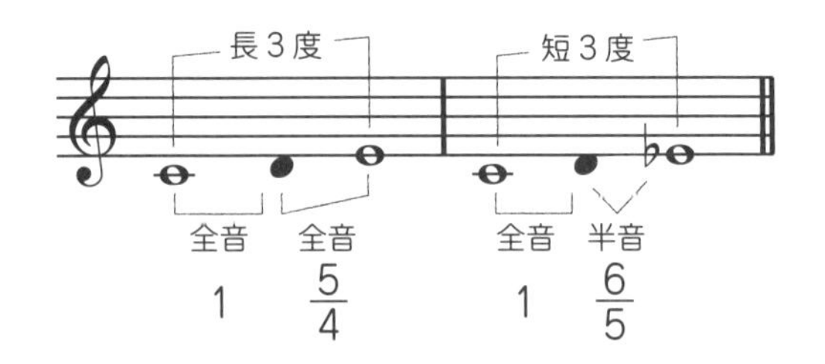

ピタゴラス音律でミをつくるには、ド－ソ－レ－ラ－ミと$\frac{3}{2}$を4回かけなくてはならない。

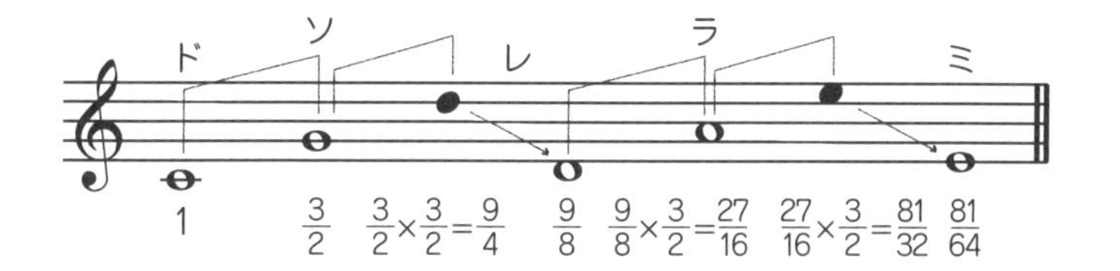

しかし、そこで得られたミは$\frac{81}{64}$≒1.27であり、もっとも協和する$\frac{5}{4}$=1.25 より少し高い。この高めのミは、メロディーだけの音楽ではそれほど問題にならかった。しかしルネサンスのころ、3度の関係にある二つの音の和音をよく使う音楽が発達してくると、ピタゴラス音律の3度ではきれいなハーモニーがつくれないことが問題となった。和音の響きを重視する音楽には、音階の中の各音程ができるだけ単純な整数の比となる音律が必要とされたのだった。和音は単純な整数の比になるほどよく共鳴するからである。この音律を「純正律」という。純正律は16世紀にイタリアの音楽学者、ジョゼッフォ・ツァルリーノ（1517～1590）により体系化された。

ツァルリーノの純正律は次のような比であらわされる。

この音階のド、レ、ミ、ソ、シの音は自然倍音で得られる音でもある。純正律は自然倍音との関連性からつくられたという面もあるのだ。

融通がきかない純正律

これできれいな和音が出せる音階ができたのだから、純正律で「万事OK！」と思うかもしれない。ところがどっこい、音階のとなりどうしの音の比を計算してみると、次のようになる。

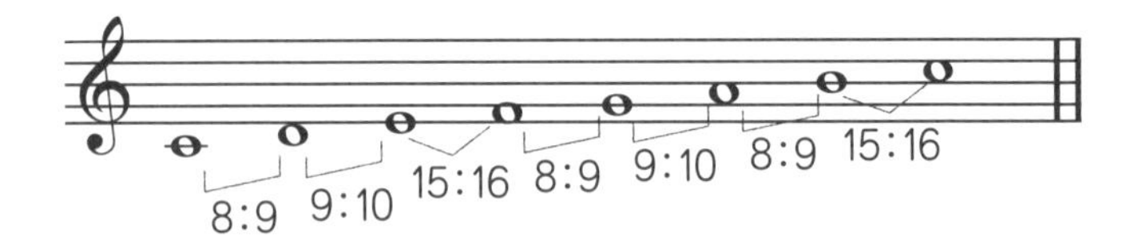

なんと、ドとレの全音とレとミの全音（同様にソ－ラ、ラ－シも）の幅が違ってしまうことがわかるだろう。8：9は大全音、9：10は小全音とも呼ばれるが、これでは音の階段が少々ぎくしゃくしてしまう。

また和音もド－ミ－ソ、ファ－ラ－ド、ソ　シ－レの主要な長三和音は4：5：6となりたいへん美しいのだが、短三和音の場合、ラ－ド－ミの10：12：15はよいが、レ－ファ－ラの27：32：40は、かなり汚い響きとなってしまう。

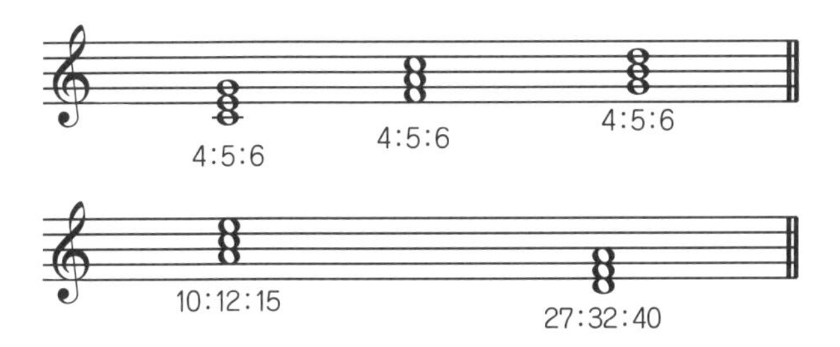

　このように純正律は、音階のバランスが特定の和音を美しくするために少々かたよっている。そのため、和音によっては濁りのあるものも出てしまい、また転調することも難しく、実際の音楽で使う場合かなり制限が生じてしまうのである。純正律は整数の比による、割り切れる美を第一にしてつくられている。割り切れる美は濁りのない、限りなく澄んだ調和であるが、純粋すぎる美は融通がきかないという面もあるのだ。

8 平均律

かつてオクターブ12等分は難しかった

ここまで見てきたように、ピタゴラス音律、純正律、いずれにも音律として一長一短があった。

ピタゴラス音律では3度の和音が美しく響かず、3度の和音を多用するルネサンス以降の音楽には使いづらい。一方、音階の音はできるだけ均等に並んでいたほうがなめらかなメロディーをつくることができるが、3度の和音の響きを重視した純正律では全音の幅が2種類できてしまい、音階として不自然となってしまった。

それに対しピタゴラス音律は全音の幅が常に$\frac{9}{8}$でなめらかなので、メロディー的にはより自然である。

また、純正律では転調が難しいなど制約が多く、自由度が低いという問題もあった。一方ピタゴラス音律にも、「ピタゴラス・コンマ」という大問題があった。

1オクターブを完全に等しく12分割した、なめらかな半音階をつくり出そうという試みは昔からあった。しかし、そのための計算は意外と難しく、17世紀まで待たねばならなかった。

この、1オクターブを均等に12分割する音律こそが「平均律」と呼ばれるものだ。平均律を計算で割り出したのは、数学者で音楽学者でもあったフランスのメルセンヌ神父であった（1636年）。またそれに先立ち、中国明(みん)代の学者、朱載堉(しゅさいいく)も1596年に算出している。

だが、ヨーロッパでも中国でも、当時一般的に使われることはなかった。平均律が本当に広く普及したのは、一般向けの楽器が工業製品となった20世紀に入ってからのことである。設計技術の進歩で、規格品としてむしろつくりやすくなったためであった。

平均律の平均は「相乗平均」（掛け算した積の平均）である。しかし、学校で習う、一般的に「平均」といわれるものは「相加平均」（足し算した和の平均）のことが多い。たとえば、16を4等分する平均を考えると、足し算の平均なら16÷4=4。では掛け算の平均では？ それは、$\sqrt[4]{16}=2$となる。

では平均律の平均は？ というと、1オクターブ高くなることは振動数が2倍になるということなので、1オクターブを12の半音に等分するためには、12回かけると2になる数を考えなければならない。この数をcとすると、c×c×c×c×c×c×c×c×c×c×c×c＝c^{12}＝2となる。このcは、

$$c = 2^{\frac{1}{12}}$$

と書くことができる。このcの値は約1.059である。そこから、たとえば440Hzのラの音の半音上のシ♭の振動数を求めるとすると、$440 \times 2^{\frac{1}{12}} = 466$（Hz）と計算できる。

ピタゴラス音律、純正律ほか音律は複数あるのに、今日、市販されている楽器のほとんどはもっぱら平均律でチューニングされている。なぜ、ここまで平均律が一般化したのだろうか？　また、なぜ昔は使われていなかったのだろうか？　それは、平均律が音の振動数（音の高低）を対数にしてあらわしているからである。

人間の感覚は対数がもとにある

対数というと、あのlogなどという面倒くさそうな記号が出てくるヤツ、というぐらいにしか覚えていない人もいるだろう（ちょっと思い出してみたいという人がいたらP.170のコラムを読んでほしい。“タイスウ”などとまた“タ

イソウ”なことは面倒くさいという人は、なんとなく雰囲気をつかんでもらえればそれでいいと思う)。しかし、人間の感覚のほとんどは対数で感じているといわれている。どういうことかというと、2倍、3倍……と感じていることが、実際の物理量では2乗、3乗……の量になっているということなのだ。

味覚を例としてみる。ブラックコーヒーに砂糖をスプーン1杯入れたときの甘さの感覚を1としよう。2杯入れても甘みは2倍にならず、2倍にするには3杯、3倍にするには7杯入れなくてはならないかもしれない。もっとたくさん、9杯入っているところにもう1杯足して10杯にしても、甘みの感度はわずかに増える程度である。これは、9杯も入っていればすでに強烈な甘さになっており、1～2杯では大きな差にならないということを意味している。

このように、感覚での増え方は2杯で2倍、3杯で3倍といった正比例にはならず、実際の量に対する対数となっ

コラム

指数と対数

ここで対数についておさらいしたいと思うが、対数よりもむしろ指数のほうがみなさんにはわかりやすいだろう。指数と対数は同じことを逆に入れ替えただけの関係なのだ。

$$a_1 \times a_2 \times a_3 \cdots a_q = a^q$$

これは a を q 回かけたことをあらわしている。その値を p とすると、

$$p = a^q$$

となる。これを対数記号 log を使って書き直すと、

$$q = \log_a p$$

となる。

log は対数を意味する logarithm（ロガリズム）の略である。

指数（＝対数）q の数が大きくなるほど、p はもっと桁違いに大きくなっていく。たとえば10の2乗は100であるが、3乗は1,000、4乗は10,000となる。対数を使うことによって、たいへん大きな数を扱いやすい小さな数に変換することができる。10,000 は 10 を底とする対数（これを常用対数という）を使えば、たったの 4 であらわすことができるのだ。対数は、16 世紀スコットランドの数学者ジョン・ネイピアによって考案された。

て強まっているのだ。

音の強さ（音圧）は通常デシベル（dB）という単位であらわされる。デシベルも対数であらわされる単位の一種である。

デシベルの差	音圧の倍率
0デシベル	1倍
6デシベル	2倍
10デシベル	3倍
20デシベル	10倍
40デシベル	100倍
60デシベル	1,000倍
80デシベル	10,000倍
100デシベル	100,000倍
120デシベル	1,000,000倍

平均律のしくみも、対数をもとにしている。平均律は1オクターブを耳の感覚で平均的に12等分するようにつくられているからである。だから、ドとレ♭の間、ミとファ、ソ♯とラ、シとドなど、すべての半音の幅は同じように聞こえる。しかし、弦の長さに注目すると、半音の幅は同じではない。ギターのフレットを見れば、低い音域では幅が広く、高くなるにつれて幅が狭くなっているようすがよくわかるはずだ（P.147の図参照）。

この半音の振動数を計算するには、すでに見たように、12回かけて2倍となる数を求めればいい。もう一度ギターの第5弦ラの音の110Hzを基準に考えてみよう。

1オクターブ上の音は2倍であるから110×2＝220（Hz）である。では半音上は？　それは12乗すると2になる数、つまり$2^{\frac{1}{12}}$をかけた数である。$2^{\frac{1}{12}}$は小数にすると約1.059。110Hzに$2^{\frac{1}{12}}$をかけると、

$$110 \times 2^{\frac{1}{12}} = 116.5\ldots\ldots \text{(Hz)}$$

となる。ではミの音は？ ラからミまでの間には半音が七つあるので、

$$110 \times 2^{\frac{7}{12}} = 164.8\ldots\ldots \text{(Hz)}$$

である。

ではミの半音上の音ファは、

$$164.8 \times 2^{\frac{1}{12}} = 174.6\ldots\ldots \text{(Hz)}$$

となるが、このミとファの半音の差は、174.6－164.8 ＝9.8（Hz）である。110Hzのラと半音上のシ♭の差が、116.5－110=6.5（Hz）であるから、振動数で見ると高い音域になると半音の差が広がっていくことが、ここからもわかる。

なめらかさのために響きを犠牲に

　このように、1オクターブの中の12音を聴覚上もっとも平均に12分割し、自然ななめらかさのある音階をつくることができる“スグレモノ”の平均律ではあるが、ならば他の音律は淘汰され、この世の音律は平均律一色となっていいはずである。しかしそうはなっていない。平均律には致命的な欠陥があるからだ。

スマホやタブレットのアプリで計算してみよう!

　スマホやタブレットの計算機アプリを横向き※にすると、関数計算機になる（アプリによってはならないものもある）。

$$110 \times 2^{\frac{1}{12}} = 116.54\cdots\cdots \text{(Hz)}$$

を計算するには、次のボタンを順番に押せばよい。

［1］［1］［0］［×］［2］［X^y］
［(］［1］［÷］［1］［2］［)］［＝］または［/］

最後に［＝］のボタンを押せば、

116.5409403795225

の答えが出る（小数点以下の桁数はアプリによって違う）。

※回転ロックを解除する必要がある。

平均律では、本当にきれいな和音は出せない。本当にきれいな和音とは、ある音とある音とが純粋に協和する（ハモる）関係であり、それには振動数の比が単純な整数の比になっていなければならない。たとえばコーラスで“ハモる”とき一番よく使われるのはドとミのような3度の和音である。この和音がきれいに協和するときの関係は4：5の比になる。ピアノの真ん中のラは440Hz。その上のドを、少し低めであるが520Hzとしよう。そうすると、ドときれいにハモるミは、$520 \times \frac{5}{4} = 650$（Hz）となる。ところが平均律のミは、

$$520 \times 2^{\frac{4}{12}} = 655.1589\ldots\ldots \text{(Hz)}$$

と、非常に中途半端な数になってしまう。耳の良い人は、520Hzと655Hzの和音に濁りがあることがわかる。平均律の和音は少々汚いのだ。

平均律は、和音の響きの美しさを多少犠牲にして、音階の上がり下りのなめらかさや、転調の自由さなどの良い点を重視した音律といえるのである。

9 いろいろな音律

音律をめぐる苦心の歴史

これまでピタゴラス音律、純正律、平均律と三つの音律を紹介してきた。一番古いピタゴラス音律は、いまでも和音や伴奏のない古い形のグレゴリオ聖歌で使われている。また世界の民族音楽でも、ピタゴラス音律と同じ形の音律は多く使われている。2：3の協和（5度／ド－ソの関係）と3：4の協和（4度／ド－ファの関係）は耳でもわかりやすく、また弦楽器では弦の長さで、それが目に見えてわかりやすいからだろう。

ルネサンスの多旋律（ポリフォニー）による歌曲は、純正律を使うことでもっとも美しいハーモニーを聞かせてくれる。だが時代がバロックのころになると、音楽の形も複雑になり、転調も多くされるようになる。また楽器の発展により器楽曲もさかんになってきた。こうなると純正律のような制約の多い音律を使うことは難しくなってくる。

バロック時代によく使われるようになった音律に中全音律（ミーントーン）がある。中全音律はルネサンスのころ、鍵盤楽器のために考案された音律だ。3度の4：5の協和

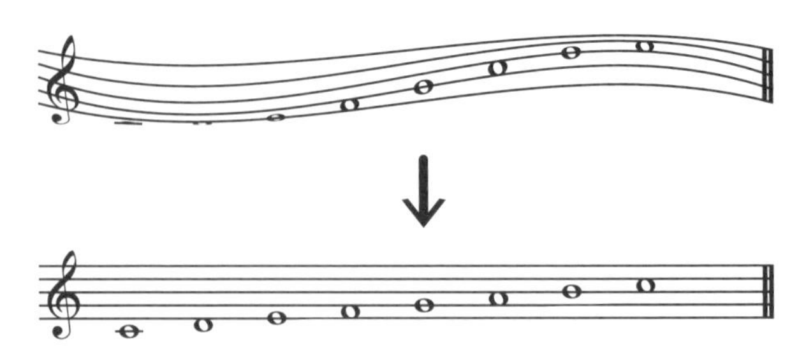

歪んだ音階をなめらかに

（長3度／ドーミの関係）や5：6の協和（短3度／ドーミ^{b}の関係）の純粋な比率を保ちつつ、純正律のように全音が2種類にならないよう工夫したものだ。全音は大全音と小全音の中間の1種類となり、そのことが中全音律という名前の由来となった。

純正律と異なり、転調も比較的近い調であれば問題なくできる。ヘンデルはこの音律による調律をとても好んだそうである。

中全音律はピタゴラス音律の改良版といえる。ピタゴラス音律の場合、5度と4度は完全であったが、3度はあまりきれいでなかった。中全音律は3度がきれいで転調もできるため、バロック時代にはとてもよく使われる音律となったのである。この時代にはチェンバロなどの鍵盤楽器が発達し、ルネサンス以前のリュートに取って代わって作曲家にとり主要な楽器ともなった。

ピタゴラス音律は5度が完全で3度が広い。そこで中全音律は5度を狭めて3度を完全にする。5度をセント値（相対的に音程差を示す単位で1cent $= \frac{1}{1200}$オクターブ）で見ると、純正律が702cents、平均律が700cents、中全音律が696.58centsであるから、平均律よりさらに少し狭い。中全音律は、3度の協和を美しくするため5度の協和を少し犠牲にした音律といえる。

5度が少し狭いので、これをピタゴラス音律と同じように12回重ねて元のオクターブに戻すと、最初の音より少し低い音になってしまう。このため、どこか1カ所はそのぶん広めにとった5度ができてしまうのである。この部分はかなりの不協和となるのでウルフと呼ばれ、この音程を使うことは避けなければならなかった。5度の循環を円であらわしてウルフの箇所を目に見えるようにすると、下の図のようになる。

ドを主音とすると、ウルフはなるべく遠いところに置きたいので、ソ♯－ミ♭にすることが多かったようである。

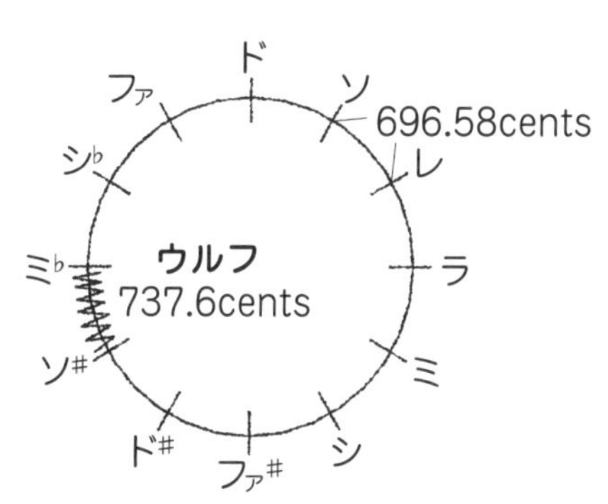

バッハの「平均律」は平均律じゃない？

バロックから古典派の時代にかけて、ピタゴラス音律と中全音律の間をうまく差し引きして良い響きとバランスを両立させようとするさまざまな音律が考案された。中でも有名なのがヴェルクマイスターとキルンベルガーによる音律である。

ヴェルクマイスター（1645～1706）とキルンベルガー（1721～1783）はともにバロック時代のドイツの音楽家であり音楽理論家であった。彼らのつくった音律は、中全音律の狭い5度とピタゴラス音律の少し広い5度を組み合わせ、ウルフが生じないように工夫されている。

その組み合わせ方でさまざまな調律法がある。ヴェルクマイスター第1技法第3法と呼ばれる調律法は、それまでより平均律に近いバランスになっており、バッハも好んで使ったといわれている。有名な「平均律クラヴィーア曲集」は、日本語では「平均律」と訳されているが、原題は「Das Wohltemperirte Clavier」であり、英語にすれば「The well-tempered Clavier」である。つまり「よく調律された鍵盤楽器」という意味であり、「平均律」とは書かれていない。当時、平均律はまだ一般的でなく、ヴェルクマイスターの調律法を想定していたともいわれている。キルンベルガーはバッハの弟子でもあり、彼の第3法と呼ばれる調律法は、ヴェルクマイスターとともに19世紀までを通してよく使われていた。

19世紀までの調律法は古典調律法と呼ばれ、完全な平均律ではなかった。さまざまなバランスが工夫されたが、必ずどこかに多少かたよりができてしまい、そのため調によって響きが微妙に違っていたのである。18～19世紀には、「ハ長調は純粋・純真、ニ長調は勝利の喜び」などというような、調による性格の違い（調性格論）がさかんに論じられた。しかし、平均律では調が変わっても音高が変わるだけでバランスは変わらない。そのため平均律が主流となった20世紀以降、調性格論は下火となっていった。

オイラー格子って何だろう?

音律についての章を終えるにあたり、少々余談を。

18世紀の大数学者レオンハルト・オイラー（1707～1783）はチェンバロの名手でもあったと伝えられている。彼はピタゴラス音律と純正律の関係を、次ページのような、わかりやすい格子図にまとめた。これはオイラー格子と呼ばれている（レオンハルト・オイラー『調和のもっとも確実な原理に基づいて明白に展開された新しい音楽論の試み』）。

オイラー格子では横方向に$\frac{3}{2}$（5度）の関係、縦方向に$\frac{5}{4}$（長3度）の関係が並べられている。もちろん、この格子図上では、どの音を出発点としてもよいのであるが、ド

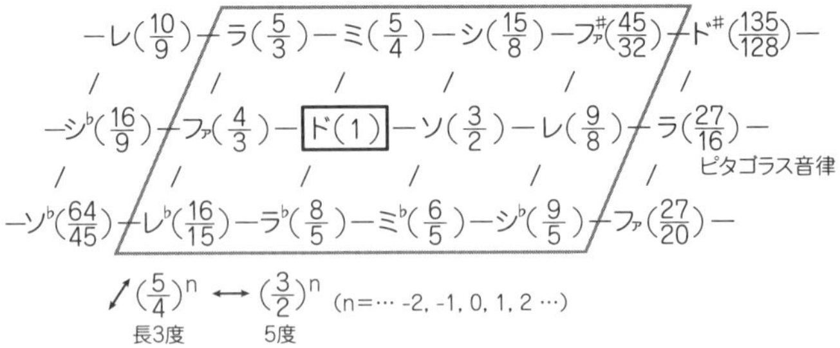

—レ$(\frac{10}{9})$—ラ$(\frac{5}{3})$—ミ$(\frac{5}{4})$—シ$(\frac{15}{8})$—ファ#$(\frac{45}{32})$—ド#$(\frac{135}{128})$—

—シ♭$(\frac{16}{9})$—ファ$(\frac{4}{3})$—ド(1)—ソ$(\frac{3}{2})$—レ$(\frac{9}{8})$—ラ$(\frac{27}{16})$—

ピタゴラス音律

—ソ♭$(\frac{64}{45})$—レ♭$(\frac{16}{15})$—ラ♭$(\frac{8}{5})$—ミ♭$(\frac{6}{5})$—シ♭$(\frac{9}{5})$—ファ$(\frac{27}{20})$—

↗ $(\frac{5}{4})^n$ 長3度 ↔ $(\frac{3}{2})^n$ 5度 (n=… -2, -1, 0, 1, 2 …)

音の高さの分数は1より上の1オクターブ内に収まるようにしてある。

を1として、そこから考えたほうがわかりやすい。

ドから左右横方向はピタゴラス音律となる。四角で囲まれた部分は純正律である。

このようにオイラー格子で見ると、ピタゴラス音律は直線上の1次元的な関係で、純正律はそれを面に拡張した2次元的な関係の音律だということができる。

さらに余談ついでに、純正律と平均律を学生にたとえてみると……純正律クンは本当にピュアなヤツ。ここぞというところは完全に突き詰める。だが、どっか抜けているところもあり、100点満点を取る科目もあるが50点以下の科目もある。

そこへいくと平均律クンはそつがない。100点はないが、全科目85点を取る。バランスがとれていて総合点は高い。だが、ちょっとおもしろみのないヤツでもある。

受験万能の現代では、天才タイプの純正律クンより、全科目で高い平均点を取る平均律クンのほうが評価は高い。
そんなわけで音律の世界も、ほとんど平均律ばかりになってしまったのである(?)。

音楽の中の数——コーダ

音符は数字、音楽は数で満ちあふれている

「音楽の中には数がたくさんある」——もっといえば、「音楽は、数が人間の身体を通って音として表にあらわれたもの」とさえ考えることができる。

音楽には必ず法則性がある。それは、規則に従って曲の断片を発展させていけば、それなりの曲をつくることができるということにもなる。しかし規則に間違いがなければ、いい曲ができるかといえば、そうではない。たとえば、クラシック音楽の和声学では、和声の進行に間違いがないだけでなく、それぞれの声部のメロディーをきれいにつくらないと、全体として美しい曲にならない。ときには、曲の必然性として規則を意図的に破ることさえある。

バッハはこの点に関しても突出した大天才であった。バッハの音たちは、法則性のある時間の流れの中を、すばらしく自由に美しく進んでいく。決して規則を大きく逸脱することはないが、信じられないほど自由なのである。

数学者によると、数式もただ合っているだけでなく美しくなければダメなのだそうである。数学もやはり音楽的な

のだろう。数学の世界で、とてつもなく多くの歴史的業績を残したレオンハルト・オイラーも、数式を美しく自由にcomposition（作曲）して、さまざまな公式や法則をこの世にあらわしてくれた。それによって人類はどれだけ進歩したことだろうか。それほど偉大な数学者であった。チェンバロの名手でもあったというオイラーの発想の自由さに、音楽はきっと貢献していたに違いない。

数の世界の必然性は異文化への扉を開く

音楽から快感を得るのは、音の集まりに数の秩序（「天の秩序」とか「神の法則」などといっても同じこと）を感じるからだろう。だが人間は、秩序に慣れると退屈を感じるようにもなる。本書の「はじめに」で、「音楽も数学も、ただ規則を守っているだけでは創造に結びつかない。美と自由がなければ意味がない。そして、古い規則は破ってつくり替えられることで新しい世界が開ける」と記したが、最初は単純な音楽を好んでも、だんだんと複雑な音楽にひかれていくのが人間の宿命でもあろう。

1曲の中でも、よくできた曲の多くは、適度に期待を裏切って緊張感を高め、最終的には期待に応えるような形になっている（期待を裏切る快感という場合もある）。また、型にはまったスタイルを壊し、時代との緊張感から生まれた新しいスタイルにカッコよさを感じるのも世の常であろう。社会の中の音楽の歴史も、一人ひとりの個人の中の音楽観も、その意味では似ている。

しかしまた、音楽は感覚的体験でもあるので、自分の経験した音楽的価値観をなかなか変えられないという面もある。自分の好きな音楽ジャンルばかり聴いている人は実際多いだろう。だがそれだけでは、音楽との出会いがとても狭いものになってしまう。

音楽は人の生活感のあらわれでもあるので、自分の生活感覚からとても遠い人たちの音楽には最初とまどうことが多い。それでも違う文化圏の人たち、あるいは同じ文化圏でも感覚の違う人たちのことを理解しようとするとき、音楽は良い入り口になってくれるだろう。

音楽を理解することは、言葉の学習よりずっと楽だと思う。ただ偏見を取り去り、その人たちが何を表現しようとしているのか、素直な耳で聴けばよい（もちろん、その人たちのいろいろな文化を知ることも大切であるが）。聴いて慣れていけば、どんなに未知の音楽スタイルであっても、だんだんその良さがわかってくるはずだ。どんなに形の違う音楽であれ、それが意味のある音楽であれば、その芯の部

分には数の世界の必然性があるからだ。

数の世界の秩序のあらわれ方も一つではない。文化によって違う形をとる（現代では数学者によっても違うことさえある）。しかし数の根本は同じなので（間違ってさえいなければ）、必ずそれは容易に翻訳可能なのだ。それは音楽も同じである。違う文化を理解することは人を豊かにする。狭い自分たちの世界にこもり、異文化を嫌う人たちの知性はとても貧しい。ぜひ音楽を入り口にして、異文化への偏見をなくしてほしいと願う。

ひょっとすると、数の根本は地球さえ超える。もし高度な知能を持つ異星人がいれば、そのあらわし方は違っても数の体系を持っているだろう。それは地球人と交換可能な情報である。そして、彼らが音楽を持っていれば、それも同じである。

あとがきにかえて —— 数学監修者のことば

すべては出会いからはじまった。

数と音楽。二つは人間のなかで出会った。耳をもつ人間は、生まれたときから音とともに音に囲まれて生きている。

それに対して、人間が数の存在に気づいたのは人間の歴史のなかでもまだ新しい。刻みがつけられた数万年前の骨が発見されている。そこから数万年をかけて人類はついに数を発見し、数字を発明した。

そして、古代ギリシャにおいて数の探究は劇的な進化を遂げた。紀元前３世紀ごろのユークリッドによる『原論』は、まさしく数学の創造である。人間が内なる感覚として数を獲得したというよりはむしろ、人間のなかに隠れていた数に気づいたというべきだろう。はたして、人間のなかで音と数が響き合うようになった。

いまから2500年前、古代ギリシャの数学者ピタゴラスのなかで劇的な出会いが生まれた。音を数でとらえることで、音階がデザインされた。音のなかに数が隠れていることにピタゴラスが気づいたのである。

そこから1000年以上の時間を経て、五線譜の表記法の原型が発明された。それまでは一度きりだった演奏が、五線譜の発明で保存・再現できるようになる。五線譜のもとのアイディアになっているのは、数量化の発想である。五線譜とは、横軸が時間軸、縦軸が音の高低をあらわすグラフにほかならない。

座標や座標軸の発見にいたる大元の一つが地球の緯線と経線であった。人間は地球上のどこに立っているかを知りたいと願ってきた。地図をつくるための格闘と挑戦の果てに手にしたものこそ、空間の数量化――数学だといえる。人が地球と出会い、目に見えない緯線と経線を引き地図をつくる。緯線と経線は、数学の世界の座標に昇華した。座標や座標軸が生まれたことで数学は劇的に深化していくこととなった。

あまりにも当たり前になっている五線譜を振り返るとき、そこに浮かび上がるのが、地球を舞台にした、じつに長い人類の挑戦――地図と数学の風景である。

数から数学に生まれ変わるのに地球との出会いがあったように、音から音楽が生まれ成長していくところに数学との出会いがあった。かくして、数学と音楽は芸術になった。深化した数学のなかに流れる調和の音楽の存在に、人類の魂は打ちふるえた。

かくも感動的、神秘的、そして壮大なストーリー――人間と数と音の出会いをだれが想像しただろう。すべては女神Museの導きと差配のなせるわざだとしか思えない。これまで語られることがなかったこのストーリーが、いまこうして形になったことに望外の喜びを感じる。それこそ、坂口氏と私、音楽と数学のそれぞれを仕事にする２人の出会いである。そしてそれぞれが、もともと音楽と数学の出会いのストーリーを感じとっていた。

この2人が出会っていなかったら、すべてははじまらなかった。坂口氏がリードする形で企画は進行し、私は音楽と数学の出会いのおもしろさにどんどん気づいていった。はたして、前作の共著『音楽と数学の交差』ができあがり、その流れで坂口氏による本書がある。

女神Museが創(つく)ったシナリオには、さらなるドラマが用意されているはずだ。私が生きる喜びとは、すなわち新しい音楽と新しい数学に出会える喜びのことにほかならない。本書を読みながら私はつくづく思った。

この場をかりて、私にこれだけの思索の喜びと興奮を与えてくれた坂口博樹氏に感謝を申しあげたい。

2016年3月

桜井 進

参考文献

足立恒雄『数 体系と歴史』朝倉書店
足立恒雄『数の発明』岩波科学ライブラリー
ジョルジュ・イフラー（弥永みち代／後平隆／丸山正義訳）『数字の歴史――人類は数をどのようにかぞえてきたか』平凡社
G.W.クーパー／L.B.メイヤー（徳丸吉彦訳）『音楽のリズム構造』音楽之友社
カルヴィン・C.クロースン（好田順治訳）『数学の不思議――数の意味と美しさ』青土社
ドゥニ・ゲージ（藤原正彦監修、南條郁子訳）『数の歴史』創元社
小泉文夫『音楽の根源にあるもの』平凡社ライブラリー
小泉文夫『日本の音――世界のなかの日本音楽』平凡社ライブラリー
ルードヴィヒ・クラーゲス（杉浦実訳）『リズムの本質』みすず書房
小林道正『数とは何か?――1、2、3から無限まで、数を考える13章』ベレ出版
志賀浩二『数と量の出会い――数学入門（大人のための数学 1）』紀伊國屋書店
ルドルフ・タシュナー（鈴木直訳）『数の魔力――数秘術から量子論まで』岩波書店
ジョン・タバク（松浦俊輔訳）『数――コンピュータ、哲学者、意味の探求（はじめからの数学 3）』青土社
野崎昭弘『はじまりの数学』ちくまプリマー新書
ヴィンセント・パーシケッティ（水野久一郎訳）『20世紀の和声法――作曲の理論と実際』音楽之友社
サラーフ・アル・マハディ（松田嘉子訳、竹間ジュン監修）『アラブ音楽――構造・歴史・楽器学・古典39譜例付』パストラルサウンド/Pastorale出版
スティーヴン・ミズン（熊谷淳子訳）『歌うネアンデルタール――音楽と言語から見るヒトの進化』早川書房
宮沢賢治「セロ弾きのゴーシュ」（『注文の多い料理店――宮沢賢治童話集1』所収）講談社青い鳥文庫
ミランダ・ランディ（桃山まや訳）『数の不思議――魔方陣・ゼロ・ゲマトリア』創元社（アルケミスト双書）
マティス・リュシー（稲森訓敏監修）『音楽のリズム――その起源、機能及びアクセント（要約版）』中央アート出版社

著者　坂口博樹（さかぐち　ひろき）
1953年東京都生まれ。作編曲家、音楽プロデューサー。文京学院大学非常勤講師。CD「音気～ON KI～」(ウォーブル)、日本クラウンの童謡CD「ポチャッコのこどものうた」シリーズなど制作CD多数、映画「目を閉じて抱いて」(磯村一路監督、東北新社)、「すばらしいわたしのおじいちゃん」(神山征二郎監督、東映)、NHK教育テレビアニメ「スイ・スイ・フィジー」などの映像音楽も多く手掛ける。著書に『音楽の不思議を解く』『「しくみ」から理解する楽典』(以上、ヤマハミュージックメディア)、『音楽と数学の交差』(共著、大月書店)など。

数学監修　桜井 進（さくらい　すすむ）
1968年山形県生まれ。サイエンスナビゲーター®、株式会社sakurAi Science Factory代表取締役。東京理科大学大学院、日本大学藝術学部非常勤講師、一般財団法人 理数教育研究所Rimse「算数・数学の自由研究」中央審査委員。「たけしの誰でもピカソ」(テレビ東京系列) などテレビ番組出演のほか、『面白くて眠れなくなる数学』シリーズ(PHP)、『江戸の数学教科書』(集英社)、『音楽と数学の交差』(共著、大月書店)、『世界を変えた「数」の物語』(朝日新聞出版) など著書多数。

編集　岩瀬 豪
イラスト＆DTP　アズデザイン　田中英二
装丁　m9デザイン

数と音楽　美しさの源への旅

2016年4月20日　第1刷発行
2023年5月20日　第9刷発行

定価はカバーに
表示してあります

著　者　坂口博樹
発行者　中川　進

〒113-0033　東京都文京区本郷2-27-16
発行所　株式会社　大月書店
印刷　三晃印刷
製本　中永製本
電話（代表）03-3813-4651　FAX 03-3813-4656　振替00130-7-16387
http://www.otsukishoten.co.jp/

ISBN978-4-272-44064-1　C0040　Printed in Japan